平差程序设计

潘　雄　赖祖龙　丁开华　孙　杰　编著

科　学　出　版　社

北　京

内 容 简 介

本书按照新时期"双一流"学科建设课程的教学大纲要求编写而成，在简要介绍 C++程序设计语言和测量平差数学模型的基础上，讨论各种平差方法的程序设计原理、编程思路、编程技巧，并给出完整的程序代码和应用算例。本书以自编能够实现水准网、平面控制网、GNSS 向量网、摄影测量数据处理及点云数据处理等通用平差计算程序为主线，完整、系统、循序渐进地阐述测量平差计算的数学模型和程序实现方法，将对培养和提高学生的学习兴趣及分析问题和解决问题的能力起到较大作用。

本书可作为测绘工程专业本科生及研究生的教材，也可作为从事测量数据处理工作的工程技术人员的参考书。

图书在版编目（CIP）数据

平差程序设计/潘雄等编著. —北京：科学出版社，2022.5
ISBN 978-7-03-072266-9

Ⅰ.① 平… Ⅱ.① 潘… Ⅲ. ①测量平差 ②C++语言-程序设计
Ⅳ.①P207 ②TP312.8

中国版本图书馆 CIP 数据核字（2022）第 080838 号

责任编辑：杜　权/责任校对：高　嵘
责任印制：吴兆东/封面设计：苏　波

科 学 出 版 社 出版
北京东黄城根北街 16 号
邮政编码：100717
http://www.sciencep.com

北京建宏印刷有限公司 印刷
科学出版社发行　各地新华书店经销
*
开本：787×1092　1/16
2022 年 5 月第 一 版　印张：14
2024 年 3 月第三次印刷　字数：330 000
定价：88.00 元
（如有印装质量问题，我社负责调换）

前　言

本书为测绘科学与技术双一流学科建设配套教材，是在遵循测绘科学与技术双一流学科教学大纲，并在参考教育部高等学校测量平差程序课程教学基本要求的基础上编写而成。全书结合测绘工程专业的特点，以 C++ 语言编写的平差示例程序为主线，详细介绍 C++ 语言在测量平差程序设计教学过程中的应用。

"测量平差程序设计"或"平差程序设计"是测绘工程专业的必修专业课程，作者认为，学习该课程的目的在于通过学习复杂数值计算程序设计方法和技巧，培养逻辑思维能力，养成细致、周密的习惯。本书在编写过程中，参考了国内外同类优秀教材，在与双一流学科建设相结合的前提下，有以下几个特点。

（1）注重平差理论基础知识，以适应现代测绘技术数据处理的需要。例如，对误差传播、条件平差、附有参数的条件平差、间接平差、附有限制条件的间接平差等基本概念进行详细阐述，为后面的程序设计部分打下基础。

（2）拓展测量平差基本方法的应用面，读者在不需要查阅相关书籍的基础上，能够熟练使用本书的相关程序进行测量相关项目的解算及精度评定，使得本书的适用范围较广。

（3）每个章节均配有可执行的程序，在核心代码部分引入编程小工具，将复杂的测量数据计算问题简单化，便于读者理解和掌握。

全书共 9 章，内容涵盖测量平差理论、测量平差数据结构、摄影测量数据处理、点云数据处理等，核心算法都提供了代码。第 1 章介绍平差理论；第 2 章介绍 C++ 的一些基本操作；第 3 章对测量平差数据结构进行详细介绍；第 4 章为方位角计算、大地坐标与空间直角坐标转换等平差辅助工具提供程序设计流程图及核心代码；第 5 章详细介绍水准网平差数学模型及程序设计思路；第 6 章介绍平面控制网数据平差处理过程及程序设计思路；第 7 章介绍 GNSS 向量网平差的数学模型、随机模型、GNSS 向量文件格式与结构等，并提供 GNSS 向量网平差的计算实例；第 8 章介绍摄影测量中的单像空间后方交会、空间前方交会、解析法像对的相对定向和绝对定向、影像匹配、基于移动曲面拟合法的 DEM 生成，并提供程序设计思路及核心代码；第 9 章介绍点云数据处理的基本方法及核心算法。

本书由中国地质大学（武汉）潘雄、赖祖龙、丁开华、孙杰编著，具体写作分工如下：第 1 章由潘雄负责；第 2 章由潘雄、赖祖龙负责；第 3 章至第 5 章由赖祖龙负责；第 6 章和第 7 章由丁开华负责；第 8 章和第 9 章由孙杰负责。全书由潘雄负责统筹定稿。

本书的编写参考了国内外教材，在此对各位作者表示感谢。本书的出版得到了中国地质大学（武汉）地理与信息工程学院测绘学科建设经费资助，同时得到了科学出版社的大力支持，在此对他们的辛勤付出表示感谢。

限于作者学识与经验，书中难免有不足之处，恳请读者批评指正。

作　者
2021 年 12 月

目　　录

第1章 平差理论

受观测条件的局限，观测结果不可避免地会产生误差。测量过程中为了提高观测结果的精度和可靠性，就需要采用一定的观测程序，或者通过数学模型改正的方法将观测误差予以消除或减弱，求得观测值及其函数的最可靠值，并评定其精度。

1.1 条件平差

1.1.1 条件平差原理及步骤

1. 条件平差原理

条件平差法就是以条件方程作为平差函数模型的一种处理方式，设有 r 个平差值线性条件方程：

$$\begin{cases} a_1\hat{L}_1 + a_2\hat{L}_2 + \cdots + a_n\hat{L}_n + a_0 = 0 \\ b_1\hat{L}_1 + b_2\hat{L}_2 + \cdots + b_n\hat{L}_n + b_0 = 0 \\ \qquad\qquad\vdots \\ r_1\hat{L}_1 + r_2\hat{L}_2 + \cdots + r_n\hat{L}_n + r_0 = 0 \end{cases} \tag{1.1}$$

式中：a_i，b_i，$\cdots$，r_i 为条件方程系数；a_0，b_0，$\cdots$，r_0 为条件方程常数项。用 $\hat{L} = L + V$ 代入式（1.1）得改正数条件方程：

$$\begin{cases} a_1v_1 + a_2v_2 + \cdots + a_nv_n + w_a = 0 \\ b_1v_1 + b_2v_2 + \cdots + b_nv_n + w_b = 0 \\ \qquad\qquad\vdots \\ r_1v_1 + r_2v_2 + \cdots + r_nv_n + w_r = 0 \end{cases} \tag{1.2}$$

式（1.2）中条件方程的闭合差为

$$\begin{cases} w_a = a_1L_1 + a_2L_2 + \cdots + a_nL_n + a_0 \\ w_b = b_1L_1 + b_2L_2 + \cdots + b_nL_n + b_0 \\ \qquad\qquad\vdots \\ w_r = r_1L_1 + r_2L_2 + \cdots + r_nL_n + r_0 \end{cases} \tag{1.3}$$

若设

$$\boldsymbol{A} = \begin{bmatrix} a_1 & a_2 & \cdots & a_n \\ b_1 & b_2 & \cdots & b_n \\ \vdots & \vdots & & \vdots \\ r_1 & r_2 & \cdots & r_n \end{bmatrix}, \quad \boldsymbol{W} = \begin{bmatrix} w_a \\ w_b \\ \vdots \\ w_r \end{bmatrix}, \quad \boldsymbol{V} = \begin{bmatrix} v_1 \\ v_2 \\ \vdots \\ v_n \end{bmatrix}$$

则式（1.2）、式（1.3）可以改成矩阵形式的条件方程：

$$AV + W = 0, \quad W = A\hat{L} + A_0 \tag{1.4}$$

式中：$\hat{L} = [\hat{L}_1 \quad \hat{L}_2 \quad \cdots \quad \hat{L}_n]^T$；$A_0 = [a_0 \quad b_0 \quad \cdots \quad r_0]^T$。

也可将式（1.1）的平差值线性条件方程改写为

$$A\hat{L} + A_0 = 0 \tag{1.5}$$

利用最小二乘原理，构造如下 Φ 函数：

$$\Phi = V^T P V - 2K^T(AV + W) \tag{1.6}$$

式中：$K = [k_a \quad k_b \quad \cdots \quad k_r]^T$ 为联系数向量；$P = Q^{-1}$ 为观测值的权阵。将函数 Φ 对相应向量求导，并令其为零，则改正数解为

$$V = P^{-1}A^T K = QA^T K \tag{1.7}$$

式（1.7）即为改正数方程。

令 $N_{AA} = AQA^T$，则法方程系数阵的秩为 $R(N_{AA}) = R(AQA^T) = R(A) = r$，是一个满秩阵，因而法方程有唯一解，得联系数解为

$$K = -N_{AA}^{-1}W \tag{1.8}$$

求出联系数后，便可求出观测值的改正数为

$$V = -QA^T N_{AA}^{-1} W \tag{1.9}$$

当观测值的权阵为对角阵时，改正数方程和法方程的纯量形式为

$$v_i = \frac{1}{p_i}(a_i k_a + b_i k_b + \cdots + r_i k_r) + Q_{ii}(a_i k_a + b_i k_b + \cdots + r_i k_r), \quad i = 1, 2, \cdots, n$$

$$\begin{cases} \left[\dfrac{aa}{p}\right]k_a + \left[\dfrac{ab}{p}\right]k_b + \cdots + \left[\dfrac{ar}{p}\right]k_r + w_a = 0 \\ \left[\dfrac{ab}{p}\right]k_a + \left[\dfrac{bb}{p}\right]k_b + \cdots + \left[\dfrac{br}{p}\right]k_r + w_b = 0 \\ \qquad\qquad\qquad\qquad \vdots \\ \left[\dfrac{ar}{p}\right]k_a + \left[\dfrac{br}{p}\right]k_b + \cdots + \left[\dfrac{rr}{p}\right]k_r + w_r = 0 \end{cases} \tag{1.10}$$

式中

$$\left[\frac{aa}{p}\right] = \frac{a_1^2}{p_1} + \frac{a_2^2}{p_2} + \cdots + \frac{a_n^2}{p_n}$$

$$\left[\frac{ab}{p}\right] = \frac{a_1 b_1}{p_1} + \frac{a_2 b_2}{p_2} + \cdots + \frac{a_n b_n}{p_n}$$

从法方程解出联系数 K 之后，将 K 代入改正数方程，求出改正数 V，最后计算出平差值 $\hat{L} = L + V$，便完成了以条件平差求平差值的工作。

2. 条件平差步骤

条件平差的步骤归纳如下。

（1）根据具体情形，确定平差系统的必要观测数 t，以及多余观测数 r。列出 r 个函数独立的条件方程。

（2）对条件方程进行线性化。

（3）确定观测值的权阵。

（4）根据条件方程的系数、闭合差及观测值的权阵组成法方程。

（5）解算法方程，求出联系数 **K**。

（6）将联系数 **K** 代入改正数方程，求出观测值改正数 **V**，并求出观测值的平差值 $\hat{L} = L + V$。

（7）检查平差结果的正确性。即使用平差值 $\hat{L}$ 重新列出平差值条件方程，看是否满足方程。

1.1.2 条件方程及其线性化

1. 测角网条件平差

平面测角网的起算数据至少需要 2 个已知点坐标值，或 1 个点的坐标值加上 1 条边长和 1 条边的坐标方位角。起算数据是确定控制网的位置、大小和方向所必需的数据。仅含有必要起算数据的控制网称为自由网，控制网中除必要起算数据外，还有多余起算数据的称为附合网。如果控制网无起算数据或起算数据少于必要起算数据时，应假设起算数据，如假设某点的坐标、某边的边长或坐标方位角等。

对于含有必要起算数据的测角网，每确定 1 个待定点的坐标需要 2 个角度观测值，因此测角网的必要观测数为 $t = 2p$，p 为待定点数目。

1）中心多边形

假设有如图 1.1 所示的中点三边形测角网（简称三角网），其中 A、B 为已知点，C、D 为待定点，a_i、b_i、$c_i(i = 1, 2, 3)$ 为观测的内角。网中观测数为 $n = 9$，必要观测数为 $t = 4$，多余观测数为 $r = 5$，需要列出 5 个条件方程，可以列出测角网条件方程的一些基本形式。

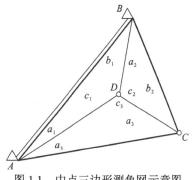

图 1.1　中点三边形测角网示意图

（1）图形条件（内角和条件）。图形条件指三角形或多边形内角和应等于理论值。对于图中的测角网，可以列出 3 个图形条件，即

$$\hat{a}_i + \hat{b}_i + \hat{c}_i - 180° = 0 \tag{1.11}$$

其改正数条件方程为

$$v_{a_i} + v_{b_i} + v_{c_i} + w_i = 0, \quad w_i = a_i + b_i + c_i - 180° \tag{1.12}$$

（2）圆周条件（水平条件）。图中的圆周条件可以表示为

$$\hat{c}_1 + \hat{c}_2 + \hat{c}_3 - 360° = 0 \tag{1.13}$$

其改正数条件方程为

$$v_{c_1} + v_{c_2} + v_{c_3} + w_c = 0, \quad w_c = c_1 + c_2 + c_3 - 360° \tag{1.14}$$

（3）极条件（边长条件）。为了保持三角网的完整性，还应满足边长条件。对于图 1.1 中所示的三角网，各三角形相邻边长应相等，可表示为

$$\frac{BD_{\triangle ABD}}{AD_{\triangle ABD}} \cdot \frac{CD_{\triangle BCD}}{BD_{\triangle BCD}} \cdot \frac{AD_{\triangle ADC}}{CD_{\triangle ADC}} = 1 \tag{1.15}$$

式中：$BD_{\triangle ABD}$ 为 $\triangle ABD$ 中 BD 点间的水平距离，可利用正弦定理将式（1.15）变换为含有观测值平差值的条件方程形式：

$$\frac{\sin \hat{a}_1}{\sin \hat{b}_1} \cdot \frac{\sin \hat{a}_2}{\sin \hat{b}_2} \cdot \frac{\sin \hat{a}_3}{\sin \hat{b}_3} = 1 \tag{1.16}$$

将式（1.16）写为改正数条件方程，可表示为

$$\frac{\sin(a_1 + v_{a_1})}{\sin(b_1 + v_{b_1})} \cdot \frac{\sin(a_2 + v_{a_2})}{\sin(b_2 + v_{b_2})} \cdot \frac{\sin(a_3 + v_{a_3})}{\sin(b_3 + v_{b_3})} = 1 \tag{1.17}$$

将式（1.17）进行线性化后为

$$F \cdot \cot a_1 \frac{v_{a_1}}{\rho} + F \cdot \cot a_2 \frac{v_{a_2}}{\rho} + F \cdot \cot a_3 \frac{v_{a_3}}{\rho} - F \cdot \cot b_1 \frac{v_{b_1}}{\rho}$$

$$- F \cdot \cot b_2 \frac{v_{b_2}}{\rho} - F \cdot \cot b_3 \frac{v_{b_3}}{\rho} + F - 1 = 0 \tag{1.18}$$

式中：$F = \dfrac{\sin a_1}{\sin b_1} \cdot \dfrac{\sin a_2}{\sin b_2} \cdot \dfrac{\sin a_3}{\sin b_3}$。将改正数条件方程式（1.18）整理后可得

$$\cot a_1 v_{a_1} + \cot a_2 v_{a_2} + \cot a_3 v_{a_3} - \cot b_1 v_{b_1} - \cot b_2 v_{b_2} - \cot b_3 v_{b_3} + \rho\left(1 - \frac{1}{F}\right) = 0 \tag{1.19}$$

2）大地四边形

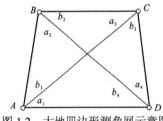

图 1.2 大地四边形测角网示意图

图 1.2 为大地四边形测角网示意图，其中 A、B、C、D 点均为未知点，有 8 个角度观测值，其条件方程可以由图形条件和极条件列出。

图形条件可表示为

$$\begin{cases} \hat{a}_1 + \hat{b}_1 + \hat{a}_2 + \hat{b}_4 - 180° = 0 \\ \hat{a}_2 + \hat{b}_2 + \hat{a}_3 + \hat{b}_1 - 180° = 0 \\ \hat{a}_3 + \hat{b}_3 + \hat{a}_4 + \hat{b}_2 - 180° = 0 \end{cases} \tag{1.20}$$

极条件可表示为

$$\frac{AB_{\triangle ABC}}{AC_{\triangle ABC}} \cdot \frac{AC_{\triangle ACD}}{AD_{\triangle ACD}} \cdot \frac{AD_{\triangle ABD}}{AB_{\triangle ABD}} = 1 \tag{1.21}$$

此边长条件以 A 点为极点，式中：$AB_{\triangle ABC}$ 为 $\triangle ABC$ 中 AB 点间的水平距离，其余字母含义类推。

将式（1.21）转换成含有观测值平差值的条件方程得

$$\frac{\sin \hat{a}_3}{\sin(\hat{a}_2 + \hat{b}_2)} \cdot \frac{\sin(\hat{a}_4 + \hat{b}_4)}{\sin \hat{b}_3} \cdot \frac{\sin \hat{a}_2}{\sin \hat{b}_4} = 1 \tag{1.22}$$

将式（1.22）线性化之后为

$$[\cot a_2 - \cot(a_2 + b_2)]v_{a_2} + \cot a_3 v_{a_3} + \cot(a_4 + b_4)v_{a_4} - \cot(a_2 + b_2)v_{b_2} - \cot b_3 v_{b_3}$$

$$+ [\cot(a_4 + b_4) - \cot b_4]v_{b_4} + \rho\left(1 - \frac{1}{F}\right) = 0 \tag{1.23}$$

式中：$F = \dfrac{\sin a_3}{\sin(a_2 + b_2)} \cdot \dfrac{\sin(a_4 + b_4)}{\sin b_3} \cdot \dfrac{\sin a_2}{\sin b_4}$。

2. 测边网条件平差

由于测边网观测值是边长，控制网的大小和尺寸可以由观测值获得。为了确定控制网的位置和方向，还需要知道网中某一点的坐标及某一条边的坐标方位角。因此，测边网的必要起算数据是 3 个。

图 1.3　中点三边形测边网示意图

测边网的基本图形可以分解为三角形、中点多边形和大地四边形等，如图 1.3 所示。测边网条件方程可以采用角度法、面积法和边长法等方式建立。

在图 1.3 中可以看到角度 $\hat{\beta}_1$、$\hat{\beta}_2$ 和 $\hat{\beta}_3$ 应满足：

$$\hat{\beta}_1 + \hat{\beta}_2 + \hat{\beta}_3 - 360° = 0 \tag{1.24}$$

式（1.24）可以改写成如式（1.25）所示的角度改正数条件方程：

$$v_{\beta_1} + v_{\beta_2} + v_{\beta_3} + w = 0, \qquad w = \beta_1 + \beta_2 + \beta_3 - 360° \tag{1.25}$$

式中：v_{β_i} 为角度观测值改正数；β_i 为由边长观测值计算得到的角度近似值。式（1.25）并不含有观测值，因而必须对其进行代换，使之成为含有观测值的条件方程。

在测边网中角度改正数与边长改正数之间的关系式为

$$v_A = \frac{\rho}{h_a}(v_{S_2} - \cos C v_{S_3} - \cos B v_{S_1}) \tag{1.26}$$

依据三个内角 $\hat{\beta}_1$、$\hat{\beta}_2$ 和 $\hat{\beta}_3$ 与边长的关系：

$$\begin{cases} v_{\beta_1} = \dfrac{\rho}{h_1}(v_{S_1} - \cos\angle DAB\, v_{S_4} - \cos\angle DBA\, v_{S_5}) \\[2mm] v_{\beta_2} = \dfrac{\rho}{h_2}(v_{S_2} - \cos\angle DBC\, v_{S_5} - \cos\angle DCB\, v_{S_6}) \\[2mm] v_{\beta_3} = \dfrac{\rho}{h_3}(v_{S_3} - \cos\angle DAC\, v_{S_4} - \cos\angle DCA\, v_{S_6}) \end{cases} \tag{1.27}$$

可以得到角度改正数条件方程为

$$\frac{\rho}{h_1}v_{S_1} + \frac{\rho}{h_2}v_{S_2} + \frac{\rho}{h_3}v_{S_3} - \rho\left(\frac{1}{h_1}\cos\angle DAB + \frac{1}{h_3}\cos\angle DAC\right)v_{S_4}$$

$$-\rho\left(\frac{1}{h_1}\cos\angle DBA + \frac{1}{h_2}\cos\angle DBC\right)v_{S_5} - \rho\left(\frac{1}{h_2}\cos\angle DCB + \frac{1}{h_3}\cos\angle DCA\right)v_{S_6} + w = 0 \tag{1.28}$$

式中：$w = \beta_1 + \beta_2 + \beta_3 - 360°$；$h_1$、$h_2$、$h_3$ 分别为 D 点向角 $\beta_i(i=1,2,3)$ 对边所作的高。

3. 边角网条件平差

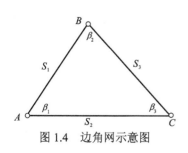

图 1.4　边角网示意图

边角网指控制网中同时含有边长和角度观测值的控制网。对于边角网，除列出角度和边长的观测值条件方程外，还可以列出同时含有角度和边长观测值的条件方程，如利用正弦定理和余弦定理所列的条件方程。

对于如图 1.4 所示边角网，有 3 个边长观测值 S_1、S_2、S_3 和 3 个角度观测值 β_1、β_2、β_3，利用边长观测

值计算得到的相应角度值为 L_1、L_2、L_3。此时多余观测数为 3，可以列出 1 个图形条件、1 个正弦定理条件和 1 个余弦定理条件。

条件方程中内角和条件方程为

$$\hat{\beta}_1 + \hat{\beta}_2 + \hat{\beta}_3 - 180° = 0 \tag{1.29}$$

条件方程中的正弦条件方程为

$$\hat{S}_1 \sin \hat{\beta}_3 - \hat{S}_2 \sin \hat{\beta}_2 = 0 \tag{1.30}$$

将式（1.30）线性化之后为

$$\begin{cases} -S_2 \cos \beta_2 \dfrac{v_{\beta_2}}{\rho} + S_1 \cos \beta_3 \dfrac{v_{\beta_3}}{\rho} + \sin \beta_3 v_{S_1} - \sin \beta_2 v_{S_2} + w_2 = 0 \\ w_2 = S_1 \sin \beta_3 - S_2 \sin \beta_2 \end{cases} \tag{1.31}$$

条件方程中的余弦条件方程为

$$\hat{S}_1^2 = \hat{S}_2^2 + \hat{S}_3^2 - 2\hat{S}_2 \hat{S}_3 \cos \beta_3 \tag{1.32}$$

将式（1.32）线性化之后为

$$-v_{\beta_3} + \frac{\rho}{S_2 S_3 \sin \beta_3}[S_1 v_{S_1} - (S_2 - S_3 \cos \beta_3)v_{S_2} - (S_3 - S_2 \cos \beta_2)v_{S_3} + w] = 0$$

$$w = S_1^2 - S_2^2 - S_3^2 + 2S_2 S_3 \cos \beta_3$$

1.1.3 精度评定

测量平差的任务除求参数的最优估值外，还应对观测值、平差值及平差值函数的精度进行估计。随机变量的精度可由它们的协方差阵来确定。

可以在观测前确定观测值的精度预期值，即它们的方差值。但这是不准确的，只有观测值本身才可以揭示出实际测量精度状况。观测值的协方差矩阵为

$$\boldsymbol{D}_{LL} = \boldsymbol{D} = \sigma_0^2 \boldsymbol{Q} = \sigma_0^2 \boldsymbol{P}^{-1} \tag{1.33}$$

可以在观测前较为准确地确定观测值的权阵 $\boldsymbol{D}$ 或协因数阵 $\boldsymbol{Q}$，它们代表相对精度，但与式（1.33）相匹配的单位权方差 σ_0^2 的确定却是不准确的。也就是说，利用观测值经平差后求出的单位权方差，才能准确反映实际测量精度。因此，测量平差中的精度评定包括两方面的内容：一是求单位权方差的估值，由式（1.33）可知，已知单位权方差估值后，只要求出平差值的协因数阵，便可以求出平差值的协方差阵；二是求平差值及其函数值的协因数阵。

1. 单位权方差估值计算

一个平差问题，无论采用上述哪种基本平差方法，单位权方差的估值都是残差平方和 $\boldsymbol{V}^{\mathrm{T}}\boldsymbol{P}\boldsymbol{V}$ 除以该平差问题的多余观测数 r（自由度），即

$$\hat{\sigma}_0^2 = \frac{\boldsymbol{V}^{\mathrm{T}}\boldsymbol{P}\boldsymbol{V}}{r} \tag{1.34}$$

则单位权中误差的估值为

$$\hat{\sigma}_0 = \sqrt{\frac{\boldsymbol{V}^{\mathrm{T}}\boldsymbol{P}\boldsymbol{V}}{r}} \tag{1.35}$$

式中：$V^{\mathrm{T}}PV$ 除使用 V 直接计算外，由式（1.7），还可以计算：

$$V^{\mathrm{T}}PV = (QA^{\mathrm{T}}K)^{\mathrm{T}}PQA^{\mathrm{T}}K = K^{\mathrm{T}}AQA^{\mathrm{T}}K = K^{\mathrm{T}}N_{AA}K \tag{1.36}$$

此外由式（1.7）及条件方程式（1.4），也可以计算：

$$V^{\mathrm{T}}PV = V^{\mathrm{T}}PQA^{\mathrm{T}}K = V^{\mathrm{T}}A^{\mathrm{T}}K = -W^{\mathrm{T}}K \tag{1.37}$$

2. 协因数阵计算

在条件平差中会产生一些基本变量，这些基本变量有 L、W、K、V、$\hat{L}$。观测值向量 L 的协因数阵假设是已知的，其他变量是观测值向量的线性函数，可以利用协因数传播律求出其他变量的协因数阵。基本向量的关系式为 $Q_{LL} = Q$、$\hat{L} = L + V$、$W = AL + A_0$、$K = -N_{AA}^{-1}W = -N_{AA}^{-1}AL - N_{AA}^{-1}A_0$、$V = QA^{\mathrm{T}}K = -QA^{\mathrm{T}}N_{AA}^{-1}W$。

按照协因数传播律，可以得到相关向量 L、W、K、V 的自协因数阵及相互间的协因数阵，基本向量的协因数阵见表 1.1。

表 1.1　条件平差基本向量的协因数阵

相关向量	L	W	K	V	$\hat{L}$
L	Q	QA^{T}	$-QA^{\mathrm{T}}N_{AA}^{-1}$	$-Q_{VV}$	$Q - QA^{\mathrm{T}}N_{AA}^{-1}AQ$
W	AQ	N_{AA}	$-I$	$-AQ$	0
K	$-N_{AA}^{-1}AQ$	$-I$	N_{AA}^{-1}	$N_{AA}^{-1}AQ$	0
V	$-Q_{VV}$	$-QA^{\mathrm{T}}$	$QA^{\mathrm{T}}N_{AA}^{-1}$	$QA^{\mathrm{T}}N_{AA}^{-1}AQ$	0
$\hat{L}$	$Q - QA^{\mathrm{T}}N_{AA}^{-1}AQ$	0	0	0	$Q - Q_{VV}$

注：$N_{AA} = AQA^{\mathrm{T}}$。

3. 平差值函数的中误差计算

根据条件平差可以求出观测值的平差值。在实际应用中，可能需要求平差值的某种函数。例如，水准网平差后，可利用高差平差值求出各待定水准点的高程。同样需对这些函数的精度进行估计，确定其协因数阵及协方差矩阵。

一般情况下，观测值平差值函数的一般形式可以设为

$$\hat{\varphi} = f(\hat{L}_1, \hat{L}_2, \cdots, \hat{L}_n) \tag{1.38}$$

按照非线性函数的协方差和协因数传播律计算规则，可将式（1.38）全微分化为误差之间关系的线性形式：

$$\mathrm{d}\hat{\varphi} = \left(\frac{\partial f}{\partial \hat{L}_1}\right)_0 \mathrm{d}\hat{L}_1 + \left(\frac{\partial f}{\partial \hat{L}_2}\right)_0 \mathrm{d}\hat{L}_2 + \cdots + \left(\frac{\partial f}{\partial \hat{L}_n}\right)_0 \mathrm{d}\hat{L}_n \tag{1.39}$$

式中：$\left(\dfrac{\partial f}{\partial \hat{L}_n}\right)_0$ 为用 L_i 代替偏导数中的 $\hat{L}_n$，令其系数值为 f_n，则式（1.39）可表示为

$$\mathrm{d}\hat{\varphi} = f_1 \mathrm{d}\hat{L}_1 + f_2 \mathrm{d}\hat{L}_2 + \cdots + f_n \mathrm{d}\hat{L}_n \tag{1.40}$$

将式（1.40）称为权函数式，写成矩阵形式可表示为

$$\mathrm{d}\hat{\varphi} = \boldsymbol{f}^{\mathrm{T}}\mathrm{d}\hat{\boldsymbol{L}} = [f_1 f_2 \cdots f_n] \begin{bmatrix} \mathrm{d}\hat{L}_1 \\ \mathrm{d}\hat{L}_2 \\ \vdots \\ \mathrm{d}\hat{L}_n \end{bmatrix} \tag{1.41}$$

由此可得 $\hat{\varphi}$ 的协因数阵为 $\boldsymbol{Q}_{\hat{\varphi}\hat{\varphi}} = \boldsymbol{f}^{\mathrm{T}}\boldsymbol{Q}_{\hat{L}\hat{L}}\boldsymbol{f}$，由表 1.1 得平差值 $\hat{L}$ 的协因数阵为

$$\boldsymbol{Q}_{\hat{L}\hat{L}} = \boldsymbol{Q}_{LL} - \boldsymbol{Q}_{VV} = \boldsymbol{Q} - \boldsymbol{Q}\boldsymbol{A}^{\mathrm{T}}\boldsymbol{N}_{AA}^{-1}\boldsymbol{A}\boldsymbol{Q} \tag{1.42}$$

将 $\boldsymbol{Q}_{\hat{\varphi}\hat{\varphi}} = \boldsymbol{f}^{\mathrm{T}}\boldsymbol{Q}_{\hat{L}\hat{L}}\boldsymbol{f}$ 代入式（1.42）后可得

$$\boldsymbol{Q}_{\hat{\varphi}\hat{\varphi}} = \boldsymbol{f}^{\mathrm{T}}\boldsymbol{Q}\boldsymbol{f} - (\boldsymbol{A}\boldsymbol{Q}\boldsymbol{f})^{\mathrm{T}}\boldsymbol{N}_{AA}^{-1}\boldsymbol{A}\boldsymbol{Q}\boldsymbol{f} \tag{1.43}$$

由此可见，当列出平差函数后，只要对函数进行全微分，求出系数 f_i，即可以按照式（1.43）计算函数 $\hat{\varphi}$ 的协因数。

若当平差值函数为线性函数时，其函数式可表示为

$$\hat{\varphi} = f_1\hat{L}_1 + f_2\hat{L}_1 + \cdots + f_n\hat{L}_n + f_0 \tag{1.44}$$

计算出 $\hat{\varphi}$ 的协因数为 $\boldsymbol{Q}_{\hat{\varphi}\hat{\varphi}}$，则平差值函数的中误差为 $\hat{\sigma}_{\hat{\varphi}} = \hat{\sigma}_0\sqrt{\boldsymbol{Q}_{\hat{\varphi}\hat{\varphi}}}$。

1.2 间接平差

1.2.1 间接平差原理及步骤

1. 间接平差原理

以观测方程作为函数模型的平差方法，称为间接平差法。间接平差法可以列出 n 个平差值线性方程：

$$L_i + v_i = a_i\hat{X}_1 + b_i\hat{X}_2 + \cdots + t_i\hat{X}_t + d_i, \quad i = 1, 2, \cdots, n \tag{1.45}$$

设 $\boldsymbol{L} = [L_1\ L_2\ \cdots\ L_n]^{\mathrm{T}}$，$\boldsymbol{V} = [v_1\ v_2\ \cdots\ v_n]^{\mathrm{T}}$，$\hat{\boldsymbol{X}} = [\hat{X}_1\hat{X}_2\cdots\hat{X}_t]^{\mathrm{T}}$，$\boldsymbol{d} = [d_1\ d_2\ \cdots\ d_n]^{\mathrm{T}}$，$\hat{\boldsymbol{X}} = \boldsymbol{X}^0 + \hat{\boldsymbol{x}}$，

$\boldsymbol{l} = \boldsymbol{L} - (\boldsymbol{B}\boldsymbol{X}^0 + \boldsymbol{d})$，$\boldsymbol{B} = \begin{bmatrix} a_1 & b_1 & \cdots & t_1 \\ a_2 & b_2 & \cdots & t_2 \\ \vdots & \vdots & & \vdots \\ a_n & b_n & \cdots & t_n \end{bmatrix}$，则可以将平差值方程写成矩阵形式：

$$\boldsymbol{V} = \boldsymbol{B}\hat{\boldsymbol{x}} - \boldsymbol{l} \tag{1.46}$$

利用最小二乘原理 $\boldsymbol{V}^{\mathrm{T}}\boldsymbol{P}\boldsymbol{V} = \min$，设 $\boldsymbol{B}^{\mathrm{T}}\boldsymbol{P}\boldsymbol{B} = \boldsymbol{N}_{BB}$，$\boldsymbol{B}^{\mathrm{T}}\boldsymbol{P}\boldsymbol{l} = \boldsymbol{W}$，则间接平差的法方程可表示为

$$\boldsymbol{N}_{BB}\hat{\boldsymbol{x}} - \boldsymbol{W} = 0 \tag{1.47}$$

当 $\boldsymbol{P}$ 为对角阵，即观测值之间相互独立时，法方程的纯量形式为

$$\begin{cases} [paa]\hat{x}_1 + [pab]\hat{x}_2 + \cdots + [pat]\hat{x}_t = [pal] \\ [pab]\hat{x}_1 + [pbb]\hat{x}_2 + \cdots + [pbt]\hat{x}_t = [pbl] \\ \vdots \\ [pat]\hat{x}_1 + [pbt]\hat{x}_2 + \cdots + [ptt]\hat{x}_t = [ptl] \end{cases} \tag{1.48}$$

式中：系数阵 $\boldsymbol{N}_{BB}$ 为满秩阵，即 $R(\boldsymbol{N}_{BB}) = R(\boldsymbol{B}) = t$，参数有唯一解为

$$\hat{\boldsymbol{x}} = (\boldsymbol{B}^{\mathrm{T}} \boldsymbol{P} \boldsymbol{B})^{-1} \boldsymbol{B}^{\mathrm{T}} \boldsymbol{P} l \tag{1.49}$$

将式（1.49）代入式（1.46）中，便可以得到改正数向量 $\boldsymbol{V}$ 的解。观测值及参数的平差值为

$$\begin{cases} \hat{\boldsymbol{L}} = \boldsymbol{L} + \boldsymbol{V} \\ \hat{\boldsymbol{X}} = \boldsymbol{X}^0 + \hat{\boldsymbol{x}} \end{cases}$$

2. 间接平差的过程及步骤

间接平差的过程及步骤如下。

（1）在测量系统中，选择 t 个独立参数，其个数应与必要观测数相同。参数的选取具有较大的自由度，若可以使所选参数为有用值，则建立的误差方程较为容易。

（2）列出误差方程，并将其进行线性化。

（3）根据实际应用情况，确定观测值的权。

（4）由误差方程的系数阵及常数项阵组成法方程的系数阵及常数项阵。

（5）解算法方程，求出参数解 $\hat{\boldsymbol{x}}$ 及参数平差值 $\hat{\boldsymbol{X}} = \boldsymbol{X}^0 + \hat{\boldsymbol{x}}$。

（6）由误差方程计算观测值改正数向量 $\boldsymbol{V}$，并求出观测值的平差值 $\hat{\boldsymbol{L}} = \boldsymbol{L} + \boldsymbol{V}$。

1.2.2　间接平差在测量中的应用

在实际的测量数据处理中，间接平差法是相对较为常用的。因为间接平差法的误差方程有较强的规律性，便于计算机编程处理。平差计算的运算量往往较大，因此，选择适合编程的处理方式是选择算法的一项重要标准。

1. 水准网间接平差

水准网的形状可以是附合水准路线、闭合水准路线、结点水准网及环状水准网。水准网中若有两个以上已知水准点，认为其高程值无误差或误差忽略不计，则相应的水准网称为附合网。只有一个已知水准点，或无已知水准点的水准网，称为独立水准网。水准网中无已知水准点时，应建立假设或独立高程系统，即任意设定某一点的高程，并作为已知值。

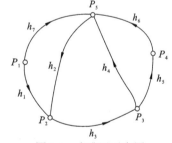

图 1.5　水准网示意图

假设有如图 1.5 所示的水准网，其中 P_1 为已知点，高程为 H_1，其余水准点均为未知点，则其平差的大致步骤如下。

从图 1.5 中可以得知，水准网必要观测数为 4，多余观测数为 3，若选择 P_2、P_3、P_4、P_5 点的高程平差值作为参数 $\hat{X}_1$、$\hat{X}_2$、$\hat{X}_3$、$\hat{X}_4$，取参数的近似值为：$X_1^0 = H_1 + h_1$，$X_2^0 = H_1 + h_1 + h_3$，$X_3^0 = H_1 + h_1 + h_3 + h_5$，$X_4^0 = H_1 + h_7$，列出误差方程为

$$v_1 = \hat{x}_1 - (h_1 - X_1^0 + H_1)$$
$$v_2 = \hat{x}_1 - \hat{x}_4 - (h_2 - X_1^0 + X_4^0)$$
$$v_3 = -\hat{x}_1 + \hat{x}_2 - (h_3 + X_1^0 - X_2^0)$$
$$v_4 = -\hat{x}_2 + \hat{x}_4 - (h_4 + X_2^0 - X_4^0)$$

$$v_5 = -\hat{x}_2 + \hat{x}_3 - (h_5 + X_2^0 - X_3^0)$$
$$v_6 = -\hat{x}_3 + \hat{x}_4 - (h_6 + X_3^0 - X_4^0)$$
$$v_7 = \hat{x}_4 - (h_7 - X_4^0 + H_1)$$

将参数的近似值及观测值代入误差方程，得到误差方程的常数项向量 $\boldsymbol{l}$，之后假定单位权并计算出各个水准路线的权重，组成间接平差原理中所表示的法方程，然后计算出参数解和改正数解，最后得出观测值的平差值。

2. 测角网间接平差

间接平差法中所选参数个数应等于必要观测数，且要相互独立，如平面控制网中的测角网或测边网，每确定一个待定点的坐标需要两个观测值。因此，如果选择待定点坐标作为未知参数，不仅参数个数要与要求相符，而且参数间要是独立的。另外，待定点坐标往往是需要计算的量，选择待定点坐标作为未知参数的间接平差方法，也称为坐标平差法。

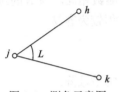

图 1.6　测角示意图

如图 1.6 所示，其中 h、j、k 点为控制点，选择它们的坐标作为未知参数，角度观测值的平差值可以表示为

$$\hat{L}_i = \hat{\alpha}_{jk} - \hat{\alpha}_{jh} \tag{1.50}$$

式中：$\hat{\alpha}_{jk}$ 为方位角，可表示为

$$\hat{\alpha}_{jk} = \arctan \frac{(Y_k^0 + \hat{y}_k) - (Y_j^0 + \hat{y}_j)}{(X_k^0 + \hat{x}_k) - (X_j^0 + \hat{x}_j)} \tag{1.51}$$

线性化后的坐标方位角改正数方程为

$$\delta\alpha_{jk} = \rho \frac{\Delta Y_{jk}^0}{(S_{jk}^0)^2}\hat{x}_j - \rho \frac{\Delta X_{jk}^0}{(S_{jk}^0)^2}\hat{y}_j - \rho \frac{\Delta Y_{jk}^0}{(S_{jk}^0)^2}\hat{x}_k + \rho \frac{\Delta X_{jk}^0}{(S_{jk}^0)^2}\hat{y}_k$$
$$= \rho \frac{\sin\alpha_{jk}^0}{S_{jk}^0}\hat{x}_j - \rho \frac{\cos\alpha_{jk}^0}{S_{jk}^0}\hat{y}_j - \rho \frac{\sin\alpha_{jk}^0}{S_{jk}^0}\hat{x}_k + \rho \frac{\cos\alpha_{jk}^0}{S_{jk}^0}\hat{y}_k \tag{1.52}$$

令 $\hat{a} = \alpha^0 + \delta a$，$l_i = L_i - (\alpha_{jk}^0 - \alpha_{jh}^0)$，则误差方程可表示为

$$v_i = \delta\alpha_{jk} - \delta\alpha_{jh} - l_i \tag{1.53}$$

线性化后的角度观测值误差方程为

$$v_i = \rho \left[\frac{\Delta Y_{jk}^0}{(S_{jk}^0)^2} - \frac{\Delta Y_{jh}^0}{(S_{jh}^0)^2} \right]\hat{x}_j - \rho \left[\frac{\Delta X_{jk}^0}{(S_{jk}^0)^2} - \frac{\Delta X_{jh}^0}{(S_{jh}^0)^2} \right]\hat{y}_j$$
$$- \rho \frac{\Delta Y_{jk}^0}{(S_{jk}^0)^2}\hat{x}_k + \rho \frac{\Delta X_{jk}^0}{(S_{jk}^0)^2}\hat{y}_k + \rho \frac{\Delta Y_{jh}^0}{(S_{jh}^0)^2}\hat{x}_h - \rho \frac{\Delta X_{jh}^0}{(S_{jh}^0)^2}\hat{y}_h - l_i \tag{1.54}$$

可以看出，坐标方位角改正数方程的特点：①当两个端点之一为已知值时，对应点的坐标改正数为零，而两个端点都是已知点时，两点间坐标方位角是已知值而无改正数方程；②同一边正反坐标方位角改正数方程相等。

角度观测值误差方程的建立步骤：①计算各待定点近似坐标；②按近似坐标计算近似坐标方位角和近似边长；③列坐标方位角改正数方程，计算系数值；④列角度观测值误差方程，求角度误差方程系数和常数项。

3. 测边网间接平差

测边网的观测值是边长值，相对于角度测量，测边是一种方便的测量方式。如图 1.6 所示，其中 j 点和 k 点为待定点，利用测距仪测量以 j 点和 k 点为端点的水平距离。

设水平距离观测值为 L_i，并选择 j 点、k 点的坐标为未知参数，$\hat{X} = X^0 + \hat{x}$，$\hat{Y} = Y^0 + \hat{y}$，式中 X^0、Y^0 为坐标近似值，$\hat{x}$、$\hat{y}$ 为坐标改正数。水平距离观测值的观测方程可表示为

$$\hat{L}_i = L_i + v_i = [(\hat{X}_k - \hat{X}_j)^2 + (\hat{Y}_k - \hat{Y}_j)^2]^{\frac{1}{2}} = \hat{S}_i \tag{1.55}$$

将式（1.55）线性化后得到线性误差方程：

$$v_i = -\frac{\Delta X_{jk}^0}{S_{jk}^0}\delta x_j - \frac{\Delta Y_{jk}^0}{S_{jk}^0}\delta y_j + \frac{\Delta X_{jk}^0}{S_{jk}^0}\delta x_k + \frac{\Delta Y_{jk}^0}{S_{jk}^0}\delta x_k + l_i \tag{1.56}$$

式中：$l_i = L_i - S_{ik}^0$，$S_{ik}^0 = \sqrt{(X_k^0 - X_i^0)^2 + (Y_k^0 - Y_i^0)^2}$，$\Delta X_{ik}^0 = X_k^0 - X_i^0$，$\Delta Y_{ik}^0 = Y_k^0 - Y_i^0$，$j$ 和 k 两控制点中，若 j 点为已知点，则其坐标改正数为零，即 $\hat{x}_j = \hat{y}_j = 0$，此时误差方程变为

$$v_i = \frac{\Delta X_{jk}^0}{S_i^0}\hat{x}_k + \frac{\Delta Y_{jk}^0}{S_i^0}\hat{y}_k - (L_i - S_i^0) \tag{1.57}$$

4. 边角网间接平差

如图 1.7 所示的导线网中，A、B 点为已知点，有 2 个已知坐标方位角 α_{AC} 和 α_{BD}，6 个未知控制点，12 个角度观测值和 8 个距离观测值。导线网必要观测数为 12，可以选取 6 个待定点的坐标作为未知参数，按间接平差进行平差计算。

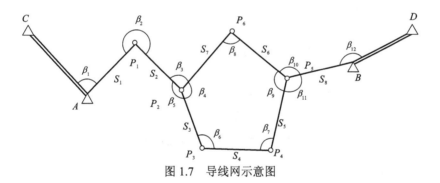

图 1.7　导线网示意图

对于角度观测值 β_1 和 β_9，可以列出如下误差方程：

$$v_{\beta_1} = -\rho\frac{\Delta Y_{AP_1}^0}{(S_{AP_1}^0)^2}\hat{x}_1 + \rho\frac{\Delta X_{AP_1}^0}{(S_{AP_1}^0)^2}\hat{y}_1 - (\beta_1 - \alpha_{AP_1}^0 + \alpha_{AC}) \tag{1.58}$$

$$v_{\beta_9} = \left[\rho\frac{\Delta Y_{P_5P_4}^0}{(S_{P_5P_4}^0)^2} - \rho\frac{\Delta Y_{P_5P_6}^0}{(S_{P_5P_6}^0)^2}\right]\hat{x}_5 - \left[\rho\frac{\Delta X_{P_5P_4}^0}{(S_{P_5P_4}^0)^2} - \rho\frac{\Delta X_{P_5P_6}^0}{(S_{P_5P_6}^0)^2}\right]\hat{y}_5 - \rho\frac{\Delta Y_{P_5P_4}^0}{(S_{P_5P_4}^0)^2}\hat{x}_4 + \rho\frac{\Delta X_{P_5P_4}^0}{(S_{P_5P_4}^0)^2}\hat{y}_4$$

$$+ \rho\frac{\Delta Y_{P_5P_6}^0}{(S_{P_5P_6}^0)^2}\hat{x}_6 - \rho\frac{\Delta X_{P_5P_6}^0}{(S_{P_5P_6}^0)^2}\hat{y}_6 - [\beta_9 - (\alpha_{P_5P_4}^0 - \alpha_{P_5P_6}^0)]$$

式中：边长近似值可用观测值代替。关于 S_1 和 S_7 边长观测值的误差方程为

$$\begin{cases} v_{S_1} = \dfrac{\Delta X_{AP_1}^0}{S_{AP_1}^0}\hat{x}_1 + \dfrac{\Delta Y_{AP_1}^0}{S_{AP_1}^0}\hat{y}_1 - (S_1 - S_1^0) \\[4mm] v_{S_7} = -\dfrac{\Delta X_{P_2P_6}^0}{S_{P_2P_6}^0}\hat{x}_2 - \dfrac{\Delta Y_{P_2P_6}^0}{S_{P_2P_6}^0}\hat{y}_2 + \dfrac{\Delta X_{P_2P_6}^0}{S_{P_2P_6}^0}\hat{x}_6 + \dfrac{\Delta Y_{P_2P_6}^0}{S_{P_2P_6}^0}\hat{y}_6 - (S_7 - S_7^0) \end{cases} \tag{1.59}$$

在边角网中常取测角中误差为单位权中误差，并假设角度观测值为等精度独立观测值，则角度观测值的权均为 1。边长观测值采用厂方给定的测距仪的标准精度，即 $\sigma_{S_i} = a + b \cdot 10^{-6} \cdot S_i$，式中 a 为常数项误差，b 为比例误差项，S_i 为边长观测值。设 σ_0 为任意选定的单位权中误差，则边长观测值的权为

$$p_{S_i} = \frac{\sigma_0^2}{(a + b \cdot 10^{-6} \cdot S_i)^2}$$

1.2.3 精度评定

1. 单位权中误差

虽然间接平差和条件平差采用的是不同的平差模型，但是它们都是在最小二乘原理下进行的，在满足 $V^{\mathrm{T}}PV = \min$ 条件下的 V 是唯一确定的，所以平差值 $\hat{L} = L + V$ 不因方法不同而不一样。

间接平差的单位权中误差为

$$\hat{\sigma}_0 = \sqrt{\frac{V^{\mathrm{T}}PV}{r}} = \sqrt{\frac{V^{\mathrm{T}}PV}{n-t}} \tag{1.60}$$

对 $V^{\mathrm{T}}PV$ 可以按式（1.61）进行计算：

$$V^{\mathrm{T}}PV = (B\hat{x} - l)^{\mathrm{T}}PV = \hat{x}^{\mathrm{T}}B^{\mathrm{T}}PV - l^{\mathrm{T}}PV \tag{1.61}$$

由于 $B^{\mathrm{T}}PV = 0$，可以得

$$V^{\mathrm{T}}PV = -l^{\mathrm{T}}P(B\hat{x} - l) = l^{\mathrm{T}}Pl - (B^{\mathrm{T}}Pl)^{\mathrm{T}}\hat{x} \tag{1.62}$$

如果将参数 $\hat{x}$ 的解公式（1.49）代入式（1.62）可得

$$V^{\mathrm{T}}PV = l^{\mathrm{T}}Pl - (B^{\mathrm{T}}Pl)^{\mathrm{T}}N_{BB}^{-1}B^{\mathrm{T}}Pl \tag{1.63}$$

2. 协因数阵

在间接平差中，基本向量为 $L(l)$、$\hat{X}(\hat{x})$、V 和 $\hat{L}$，已知 $Q_{LL} = Q$，按照协因数传播律可以很容易地得出相关参数的协因数，见表 1.2。

表 1.2　间接平差的协因数公式

基本向量	L	$\hat{X}$	V	$\hat{L}$
L	Q	BN_{BB}^{-1}	$BN_{BB}^{-1}B^{\mathrm{T}} - Q$	$BN_{BB}^{-1}B^{\mathrm{T}}$
$\hat{X}$	$N_{BB}^{-1}B^{\mathrm{T}}$	N_{BB}^{-1}	0	$N_{BB}^{-1}B$
V	$BN_{BB}^{-1}B^{\mathrm{T}} - Q$	0	$Q - BN_{BB}^{-1}B^{\mathrm{T}}$	0
$\hat{L}$	$BN_{BB}^{-1}B^{\mathrm{T}}$	BN_{BB}^{-1}	0	$BN_{BB}^{-1}B^{\mathrm{T}}$

注：$N_{BB} = B^{\mathrm{T}}PB$

3. 平差值函数的中误差

在间接平差中，解算法方程后首先得到的是 t 个参数，然后可以根据它们来计算该平差问题中任何一个量的平差值（最或然值）。设它们的任意函数为 $\hat{\varphi} = \phi(\hat{X}_1, \hat{X}_2, \cdots, \hat{X}_t)$，求全微分，得平差值函数的权函数式为

$$\mathrm{d}\hat{\varphi} = \left(\frac{\partial \phi}{\partial \hat{X}_1}\right)_0 \mathrm{d}\hat{X}_1 + \left(\frac{\partial \phi}{\partial \hat{X}_2}\right)_0 \mathrm{d}\hat{X}_2 + \cdots + \left(\frac{\partial \phi}{\partial \hat{X}_t}\right)_0 \mathrm{d}\hat{X}_t = f_1 \mathrm{d}\hat{X}_1 + f_2 \mathrm{d}\hat{X}_2 + \cdots + f_t \mathrm{d}\hat{X}_t$$

设 $\boldsymbol{F} = [f_1\ f_2\ \cdots\ f_t]^\mathrm{T}$，$\mathrm{d}\hat{\boldsymbol{X}} = [\mathrm{d}\hat{X}_1\ \mathrm{d}\hat{X}_2\ \cdots\ \mathrm{d}\hat{X}_t]^\mathrm{T}$，则函数 $\hat{\varphi}$ 的协因数阵为

$$\boldsymbol{Q}_{\hat{\varphi}\hat{\varphi}} = \boldsymbol{F}^\mathrm{T} \boldsymbol{Q}_{\hat{X}\hat{X}} \boldsymbol{F} = \boldsymbol{F}^\mathrm{T} \boldsymbol{N}_{BB}^{-1} \boldsymbol{F} \tag{1.64}$$

函数 $\hat{\varphi}$ 的协方差阵为

$$\boldsymbol{D}_{\hat{\varphi}\hat{\varphi}} = \hat{\sigma}_0^2 \boldsymbol{Q}_{\hat{\varphi}\hat{\varphi}} = \hat{\sigma}_0^2 (\boldsymbol{F}^\mathrm{T} \boldsymbol{N}_{BB}^{-1} \boldsymbol{F}) \tag{1.65}$$

1.3 误 差 椭 圆

1.3.1 点位中误差

观测值总是带有偶然误差，通过平差计算获得待定点 P 的坐标平差值 (x, y)，设待定点 P 的真坐标值为 $(\tilde{x}, \tilde{y})$，它们的差异在 x 轴和 y 轴上存在误差，分别为 $\Delta x = \tilde{x} - x$ 和 $\Delta y = \tilde{y} - y$。由 Δx 和 Δy 的存在而产生的距离 ΔP 称为 P 点的点位真误差，简称真位差。根据几何关系可以得到 $\Delta P^2 = \Delta x^2 + \Delta y^2$，对式两边取数学期望，有

$$E(\Delta P^2) = E(\Delta x^2) + E(\Delta y^2) = \sigma_x^2 + \sigma_y^2 = \sigma_p^2 \tag{1.66}$$

式中：σ_p^2 为确定平面位置中两个垂直方向点位方差之和，σ_p 为点位中误差。设 σ_0 为单位权中误差，则待定点 P 的点位中误差可表示为

$$\sigma_p^2 = \sigma_0^2 (\boldsymbol{Q}_{xx} + \boldsymbol{Q}_{yy}) \tag{1.67}$$

关于式中 $\boldsymbol{Q}_{xx}$、$\boldsymbol{Q}_{yy}$ 的计算问题，现分别按两种平差法概述如下。

当以三角网中待定点的坐标作为未知数时，按间接平差法平差，法方程系数阵的逆阵就是未知数的协因数阵 $\boldsymbol{Q}_{\hat{X}\hat{X}}$。

当平面控制网按条件平差时，待定点坐标由观测值的平差值计算。即欲求其协因数，需要按照求平差值函数的权倒数的方法进行计算。设待定点 P 的坐标 (x, y) 的权函数式为 $\mathrm{d}x = \boldsymbol{f}_x^\mathrm{T} \mathrm{d}\hat{\boldsymbol{L}}$，$\mathrm{d}y = \boldsymbol{f}_x^\mathrm{T} \mathrm{d}\hat{\boldsymbol{L}}$。按协因数传播率并顾及 $\hat{\boldsymbol{L}}$ 的协因数阵，有

$$\boldsymbol{Q}_{\hat{L}\hat{L}} = \boldsymbol{P}^{-1} - \boldsymbol{P}^{-1} \boldsymbol{A}^\mathrm{T} \boldsymbol{N}_{AA}^{-1} \boldsymbol{A} \boldsymbol{P}^{-1} \tag{1.68}$$

得

$$\boldsymbol{Q}_{xx} = \boldsymbol{f}_x^\mathrm{T} \boldsymbol{Q}_{\hat{L}\hat{L}} \boldsymbol{f}_x = \boldsymbol{f}_x^\mathrm{T} \boldsymbol{P}^{-1} \boldsymbol{f}_x - (\boldsymbol{A}\boldsymbol{P}^{-1}\boldsymbol{f}_x)^\mathrm{T} \boldsymbol{N}_{AA}^{-1} \boldsymbol{A}\boldsymbol{P}^{-1}\boldsymbol{f}_x$$

$$\boldsymbol{Q}_{yy} = \boldsymbol{f}_y^\mathrm{T} \boldsymbol{Q}_{\hat{L}\hat{L}} \boldsymbol{f}_y = \boldsymbol{f}_y^\mathrm{T} \boldsymbol{P}^{-1} \boldsymbol{f}_y - (\boldsymbol{A}\boldsymbol{P}^{-1}\boldsymbol{f}_y)^\mathrm{T} \boldsymbol{N}_{AA}^{-1} \boldsymbol{A}\boldsymbol{P}^{-1}\boldsymbol{f}_y$$

$$\boldsymbol{Q}_{xy} = \boldsymbol{f}_x^\mathrm{T} \boldsymbol{Q}_{\hat{L}\hat{L}} \boldsymbol{f}_y = \boldsymbol{f}_x^\mathrm{T} \boldsymbol{P}^{-1} \boldsymbol{f}_y - (\boldsymbol{A}\boldsymbol{P}^{-1}\boldsymbol{f}_x)^\mathrm{T} \boldsymbol{N}_{AA}^{-1} \boldsymbol{A}\boldsymbol{P}^{-1}\boldsymbol{f}_y$$

将 $\boldsymbol{Q}_{xx}$ 和 $\boldsymbol{Q}_{yy}$ 带入式（1.66）和式（1.67），可求出 σ_x^2、σ_y^2、σ_p^2。但对平面控制网进行平差时，子样的容量有限，因此无论哪种平差，只能求得单位权方差的估值，所以实际使用中只能得到待定点纵横坐标及相应点的点位方差的估值。

1.3.2 点位任意方向的位差

点位中误差 σ_p 虽然可以用来评定待定点的点位精度，但不能代表该点在某一方向上的位差大小。但在有些情况下，往往需要研究点位在一些特殊方向上的位差大小。

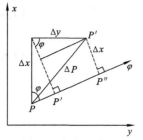

图 1.8 解析示意图

1. 任意方向 φ 的位差

为了求定 P 点在某一方向 φ 上的位差，需先找出待定点 P 在 φ 方向上的真误差 $\Delta\varphi$ 与纵横坐标的真误差 $\Delta x, \Delta y$ 的函数关系，然后求出该方向的位差。P 点在 φ 方向上的位置真误差，实际上就是 P 点点位真误差在 φ 方向上的投影值，如图 1.8 所示。

由图 1.8 可得下列关系式：

$$\Delta\varphi = \overline{PP'''} = \overline{PP''} + \overline{P''P'''} = \cos\varphi\Delta x + \sin\varphi\Delta y = [\cos\varphi \quad \sin\varphi]\begin{bmatrix}\Delta x \\ \Delta y\end{bmatrix} \tag{1.69}$$

由协因数传播律得

$$\sigma_\varphi^2 = \sigma_0^2 Q_{\varphi\varphi} = \sigma_0^2(Q_{xx}\cos^2\varphi + Q_{yy}\sin^2\varphi + Q_{xy}\sin 2\varphi) \tag{1.70}$$

式（1.70）即为求任意方位角 φ 方向上的位差计算式。

2. 位差的极大值和极小值

由位差计算式可以看出，σ_p 随着 φ 值的变化而改变，具有最大值和最小值。要使其达到极值，应使 $\dfrac{\mathrm{d}\sigma\varphi^2}{\mathrm{d}\varphi} = 0$，设 $\varphi = \varphi_0$ 为位差的极值方向，则有

$$\tan 2\varphi_0 = \tan(2\varphi_0 + 180°) = \frac{2Q_{xy}}{Q_{xx} - Q_{yy}} \tag{1.71}$$

极值方向的判别方法如下。

$\boldsymbol{Q}_{xy} > 0$，极大值在第 I、III 象限，极小值方向在第 II、IV 象限；

$\boldsymbol{Q}_{xy} < 0$，极大值在第 II、IV 象限，极小值方向在第 I、III 象限。

位差极大值、极小值的计算方法如下。

用 φ_E 表示极大值方向，$\varphi_F = \varphi_E + 90°$ 表示极小值方向，用 E、F 分别表示位差的极大值和极小值。把 φ_0 代入位差计算式整理得

$$E^2 = \frac{1}{2}\sigma_0^2[(\boldsymbol{Q}_{xx} + \boldsymbol{Q}_{yy}) + K] \tag{1.72}$$

$$F^2 = \frac{1}{2}\sigma_0^2[(\boldsymbol{Q}_{xx} + \boldsymbol{Q}_{yy}) - K] \tag{1.73}$$

式中：$K = \sqrt{(Q_{xx} - Q_{yy})^2 + 4Q_{xy}^2}$。

$$\sigma_p^2 = E^2 + F^2 \tag{1.74}$$

1.3.3 误差曲线

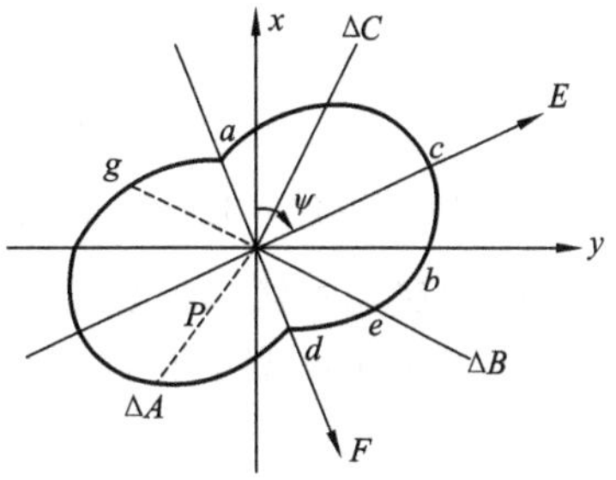

在两个坐标系中任意方向的方位角有 $\varphi = \Psi + \varphi_E$，以任意方向的方位角 Ψ 和位差 $\hat{\sigma}_\Psi$ 为极坐标的点的轨迹所构成的封闭曲线称为误差曲线，如图 1.9 所示。

图 1.9　误差曲线

利用误差曲线可以求取下列各种误差。

（1）待定点任意方向的位差。例如：

$$m_{x_p} = \overline{Pa}, \quad m_{y_p} = \overline{Pb}, \quad m_{\varphi_E} = \overline{Pc} = E, \quad m_{\varphi_F} = \overline{Pd} = F \tag{1.75}$$

（2）确定点位中误差。点位中误差是按照任意两个互相垂直方向上的位差来求的。例如：

$$\hat{\sigma}_p = \pm\sqrt{\overline{Pa}^2 + \overline{Pb}^2} = \pm\sqrt{\overline{Pc}^2 + \overline{Pd}^2} \tag{1.76}$$

（3）待定点 P 至任一三角点边长的中误差（即该边的纵向误差）。例如，PA 边边长 S_{PA} 中误差为 $\hat{\sigma}_{S_{PA}} = \pm\overline{Pe}$。

（4）待定点 P 至任一三角点之方位角的中误差。例如，PA 边的方位角 T_{PA} 的中误差为

$$\overline{\sigma}_{T_{PA}} = \rho'' \frac{\overline{pg}}{S_{PA}} \tag{1.77}$$

式中：$\overline{pg}$ 为 PA 边的横向误差；S_{PA} 为 P 点至 A 点的距离。

1.3.4 误差椭圆

1. 误差椭圆方程

误差曲线作图不易，而且作出来的曲线也不是一种典型曲线，给使用者带来很大不便，降低了它的实用价值。然而，它的形状接近于以 E、F 为长、短半轴的椭圆。故实际使用中常以点位误差椭圆代替点位误差曲线。在点位误差椭圆上可以图解出任意方向 Ψ 和位差 σ_Ψ，方法是：自椭圆作 Ψ 方向的正交切线 PD，P 为切点，D 为垂点，则 $\sigma_\Psi = \overline{OD}$ 在以 x_e、y_e 为坐标轴的坐标系中，该椭圆的方程为

$$\frac{x^2}{E^2} + \frac{y^2}{F^2} = \frac{(E\cos\tau)^2}{E^2} + \frac{(F\cos\tau)^2}{F^2} = 1 \tag{1.78}$$

误差椭圆的三个参数 φ_E、E、F 称为误差椭圆三要素。

2. 相对误差椭圆

在平面控制网中，有时不需要研究点位相对于起始点的精度，而需要了解任意两个待定点之间相对位置的精度情况。为了确定任意两个待定点之间的相对位置的精度，需要进一步作出两个待定点之间的相对误差椭圆。

设两个待定点为 P_i、P_k，这两点的相对位置可以通过其坐标差来表示，即 $\Delta x_{ik} = x_k - x_i$，$\Delta y_{ik} = y_k - y_i$，根据协因数传播律可得

$$\boldsymbol{Q}_{\Delta x \Delta x} = \boldsymbol{Q}_{x_k x_k} + \boldsymbol{Q}_{x_i x_i} - 2\boldsymbol{Q}_{x_k x_i} \tag{1.79}$$

$$\boldsymbol{Q}_{\Delta y \Delta y} = \boldsymbol{Q}_{y_k y_k} + \boldsymbol{Q}_{y_i y_i} - 2\boldsymbol{Q}_{y_k y_i} \tag{1.80}$$

$$\boldsymbol{Q}_{\Delta x \Delta y} = \boldsymbol{Q}_{x_k y_k} - \boldsymbol{Q}_{x_i y_i} - \boldsymbol{Q}_{x_i y_k} + \boldsymbol{Q}_{x_i y_i} \tag{1.81}$$

从式（1.79）～式（1.81）可以看出，如果 P_i、P_k 两点中有一个点不带误差是已知点（如 P_i 点），则 $\boldsymbol{Q}_{\Delta x \Delta x} = \boldsymbol{Q}_{x_k x_k}$，$\boldsymbol{Q}_{\Delta y \Delta y} = \boldsymbol{Q}_{y_k y_k}$，$\boldsymbol{Q}_{\Delta x \Delta y} = \boldsymbol{Q}_{x_k y_k}$，因此两点之间坐标差的协因数阵等于待定点坐标的协因数。由此可见，这样作出的点位误差曲线都是待定点相对于已知点而言的。

利用这些协因数，就可以计算出 P_i、P_k 点间相对误差椭圆的三个参数公式：

$$E^2 = \frac{1}{2}\sigma_0^2 \left[\boldsymbol{Q}_{\Delta x \Delta x} + \boldsymbol{Q}_{\Delta y \Delta y} + \sqrt{(\boldsymbol{Q}_{\Delta x \Delta x} - \boldsymbol{Q}_{\Delta y \Delta y})^2 + 4\boldsymbol{Q}_{\Delta x \Delta y}^2} \right]$$

$$F^2 = \frac{1}{2}\sigma_0^2 \left[\boldsymbol{Q}_{\Delta x \Delta x} + \boldsymbol{Q}_{\Delta y \Delta y} - \sqrt{(\boldsymbol{Q}_{\Delta x \Delta x} - \boldsymbol{Q}_{\Delta y \Delta y})^2 + 4\boldsymbol{Q}_{\Delta x \Delta y}^2} \right]$$

$$\tan \varphi_E = \frac{\boldsymbol{Q}_{EE} - \boldsymbol{Q}_{\Delta x \Delta x}}{\boldsymbol{Q}_{\Delta y \Delta y}} = \frac{\boldsymbol{Q}_{\Delta x \Delta y}}{\boldsymbol{Q}_{EE} - \boldsymbol{Q}_{\Delta y \Delta y}}$$

1.4　Helmert 方差分量

平差前观测值向量的方差阵一般是未知的，因此平差时随机模型都是使用观测值向量的权阵。而权的确定往往都是采用经验定权，也称为随机模型的验前估计。对于同类观测值可按常用定权方法定权；对于不同类的观测值，就很难合理地确定各类观测值的权。为了合理地确定不同类观测值的权，可以根据验前估计权进行预平差，用平差后得到的观测值改正数来估计观测值的方差，根据方差的估计值重新进行定权，以改善第一次平差时权的初始值，再依据重新确定的观测值的权再次进行平差，如此重复，直到不同类观测值的权趋于合理，这种平差方法称为验后方差分量估计。此概念最早由赫尔默特（Helmert）在 1924 年提出，所以又称为赫尔默特方差分量估计。

1.4.1　Helmert 方差分量估计过程

为使推导简便，设观测值由两类不同的观测量组成，认为不同类观测值之间互不相关，按间接平差时的数学模型分为函数模型和随机模型。

函数模型：

$$\boldsymbol{L}_1 = \boldsymbol{B}_1 \tilde{\boldsymbol{X}} - \Delta_1 \tag{1.82}$$

$$\boldsymbol{L}_2 = \boldsymbol{B}_2 \tilde{\boldsymbol{X}} - \Delta_2 \tag{1.83}$$

随机模型：

$$D(\boldsymbol{L}_1) = D(\Delta_1) = \sigma_0^2 \boldsymbol{P}_1^{-1}$$

$$D(L_2) = D(\Delta_2) = \sigma_0^2 P_2^{-1}$$
$$D(L_1, L_2) = D(\Delta_1, \Delta_2) = 0$$

其误差方程为：$V_1 = B_1\hat{x} - l_1$，$V_2 = B_2\hat{x} - l_2$。作整体平差时，法方程为

$$N\hat{x} - W = 0 \tag{1.84}$$

式中：$N = N_1 + N_2$，$N_1 = B_1^{\mathrm{T}} P_1 B_1$，$N_2 = B_2^{\mathrm{T}} P_2 B_2$；$W = W_1 + W_2$，$W_1 = B_1^{\mathrm{T}} P_1 l_1$，$W_2 = B_2^{\mathrm{T}} P_2 l_2$。一般情况下，第一次给定的权 P_1、P_2 是不恰当的，或者说它们对应的单位权方差是不相等的，可设为 σ_{01}^2 和 σ_{02}^2，则有 $D(L_1) = \sigma_{01}^2 P_1^{-1}$，$D(L_2) = \sigma_{02}^2 P_2^{-1}$。但只有 $\sigma_{01}^2 = \sigma_{02}^2 = \sigma_0^2$ 才认为定权合理。方差分量估计的目的就是根据实现初定的权 P_1、P_2 进行预平差，然后利用平差后两类观测值的 $V_1^{\mathrm{T}} P_1 V_1$、$V_2^{\mathrm{T}} P_2 V_2$ 来求估计量 $\hat{\sigma}_{01}^2$、$\hat{\sigma}_{02}^2$，再求出 $\hat{D}(L_1)$、$\hat{D}(L_2)$，由这个方差估计值再重新定权，再平差，直到 $\sigma_{01}^2 = \sigma_{02}^2$ 为止。为此需要建立 $V_1^{\mathrm{T}} P_1 V_1$、$V_2^{\mathrm{T}} P_2 V_2$ 与估计量 $\hat{\sigma}_{01}^2$、$\hat{\sigma}_{02}^2$ 之间的关系式。

由数理统计知识可知，$E(V^{\mathrm{T}} P V) = \mathrm{tr}[PD(V)] + E(V)^{\mathrm{T}} PE(V)$，由于 $E(V) = 0$，于是有

$$E(V_1^{\mathrm{T}} P_1 V_1) = \mathrm{tr}[PD(V_1)] \tag{1.85}$$

利用协因数传播律，顾及矩阵迹的性质，可得

$$\begin{pmatrix} \hat{\sigma}_{01}^2 \\ \hat{\sigma}_{02}^2 \end{pmatrix} = S^{-1} \begin{pmatrix} V_1^{\mathrm{T}} P_1 V_1 \\ V_2^{\mathrm{T}} P_2 V_2 \end{pmatrix} \tag{1.86}$$

式中

$$S = \begin{bmatrix} N_1 - 2\mathrm{tr}(N_1 N^{-1}) + \mathrm{tr}(N_1 N^{-1} N_1 N^{-1}) & \mathrm{tr}(N_1 N^{-1} N_2 N^{-1}) \\ \mathrm{tr}(N_1 N^{-1} N_2 N^{-1}) & N_2 - 2\mathrm{tr}(N_2 N^{-1}) + \mathrm{tr}(N_2 N^{-1} N_2 N^{-1}) \end{bmatrix}$$

1.4.2 Helmert 方差分量估计步骤

Helmert 方差分量估计步骤如下。

（1）将观测值分类，进行验前权估计，即确定各类观测值的权的初值 $P_1, P_2, \cdots, P_m$。

（2）进行第一次平差，求得 $V_i^{\mathrm{T}} P V_i$。

（3）求得各类观测值单位权方差估值 $\hat{\sigma}_{0i}^2$。

（4）计算各类观测值方差的估值。

（5）依据定权公式再次定权，再次平差，如此反复，直到各类单位权方差的估值相等或者接近相等为止。

第 2 章　程序设计基础

近年逐步发展起来的高性能的用于科学计算分析的工具有很多，结合测绘科学与技术学科的特点，本章将主要介绍 C++。

2.1　算法与流程图

2.1.1　算法

算法（algorithm）是对解题方案准确而完整的描叙，是一系列解决问题的清晰指令。算法代表着用系统的方法描述解决问题的策略机制。也就是说，算法就是定义的计算过程，该过程取某个值或值的集合作为输入，并产生某个值或值的集合作为输出，这样，算法就是把输入转换成输出的计算步骤的一个序列，描述一个特定的计算过程来实现该输入/输出关系。

例如，需要把一个数列排成非递减序列。下面是关于排序问题的形式定义。

输入：n 个数的一个序列 $<a1, a2, \cdots, an>$。

输出：输入序列的一个排列 $<a1', a2', \cdots, an'>$，满足 $a1' \leqslant a2' \leqslant \cdots \leqslant an'$

例如，给定输入序列 $<31, 41, 59, 26, 41, 58>$，排序算法将返回序列 $<26, 31, 41, 41, 58, 59>$ 作为输出。这样的输入序列称为排序问题的一个实例（instance）。一般来说，问题实例由计算该问题解所必需的（满足问题陈述中强加的各种约束）输入组成。

2.1.2　流程图

设计算法是程序设计的核心。为了表示一个算法，可以用不同的方法，常用的有自然语言、流程图、伪代码、问题分析图（problem analysis diagram，PAD）等。其中以特定的图形符号加上说明表示算法的图，称为算法流程图。算法流程图包括传统流程图和结构流程图两种。

1. 传统流程图

传统流程图是用一些图框来表示各种类型的操作，在框内写出各个步骤，然后用带箭头的线把它们连接起来，以表示执行的先后顺序。用图形表示算法，直观形象，易于理解。

1）符号

美国国家标准协会（American National Standard Institute，ANSI）规定了一些常用的流程图符号，为世界各国程序工作者普遍采用。最常用的流程图符号如下。

处理框（矩形框），表示一般的处理功能。

判断框（菱形框），表示对一个给定的条件进行判断，根据给定的条件是否成立决定如何执行其后的操作。它有一个入口，两个出口。

输入输出框（平行四边形框），表示数据的输入或者输出。

起止框（圆弧形框），表示流程开始或结束。

连接点（圆圈），用于将画在不同地方的流程线连接起来。用连接点可以避免流程线的交叉或过长，使流程图清晰。

流程线（指向线），表示流程的路径和方向。

注释框是为了对流程图中某些框的操作做必要的补充说明，可帮助阅读流程图的人更好地理解流程图的作用。它不是流程图中必要的部分，不反映流程和操作。

2）基本结构

传统流程图有三种基本结构,用以下三种基本结构作为表示一个良好算法的基本单元。

（1）顺序结构。顺序结构是最简单的一种基本结构，只要按照解决问题的顺序写出相应的语句就行，它的执行顺序是自上而下，依次执行。

（2）选择结构，即虚线框中包含一个判断框。

如图 2.1 所示，根据给定的条件 P 是否成立而选择执行 A 和 B。P 条件可以是 "$x>0$" 或 "$x>y$" 等。注意，无论 P 条件是否成立，只能执行 A 或 B 之一，不能既执行 A 又执行 B。无论走哪一条路径，在执行完 A 或 B 之后将脱离选择结构。A 或 B 两个框中可以有一个是空的，即不执行任何操作。

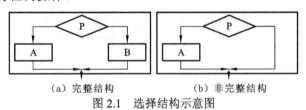

（a）完整结构　　　　　（b）非完整结构

图 2.1　选择结构示意图

（3）循环结构，又称重复结构，即反复执行某一部分的操作，有当型循环结构和直到型循环结构两类，如图 2.2 所示。

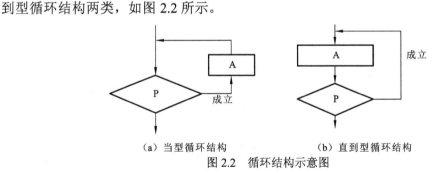

（a）当型循环结构　　　　　（b）直到型循环结构

图 2.2　循环结构示意图

当型（while）循环结构：当给定的条件 P 成立时，执行 A 框操作，然后再判断 P 条件是否成立。如果仍然成立，再执行 A 框，如此反复直到 P 条件不成立为止，此时不执行 A 框而脱离循环结构。

直到型（until）循环结构：先执行 A 框，然后判断给定的 P 条件是否成立。如果 P 条件不成立，则再执行 A，然后再对 P 条件做判断。如此反复直到给定的 P 条件成立为止，此时脱离该循环结构。

2. 结构流程图

结构流程图是一种新的流程图形式。在结构流程图中，完全去掉了带箭头的流程线，全部算法写在一个矩形框内。在该矩形框内还可以包含其他的从属于它的框，即可由一些基本的框组成一个大的框。这种适用于结构化程序设计的流程图称为 N-S 结构化流程图，它用以下的结构和符号表示算法。

（1）顺序结构：A 和 B 两个框组成一个顺序结构，如图 2.3 所示。

（2）选择结构：当 P 条件成立时执行 A 操作，P 条件不成立则执行 B 操作，如图 2.4 所示。

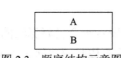

图 2.3　顺序结构示意图

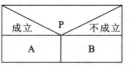

图 2.4　选择结构示意图

（3）循环结构：当型循环结构下，图符表示先判断后执行，当 P 条件成立时反复执行 A 操作，直到 P 条件不成立为止，如图 2.5 所示。

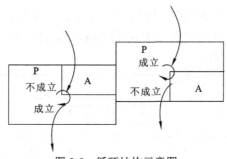

图 2.5　循环结构示意图

用以上三种 N-S 流程图中的基本框，可以组成复杂的 N-S 流程图来表示算法。

2.2　文　　件

根据文件的存储方式可将文件分成两类，即文本文件和二进制文件（binary file）。

文本文件以字节为单位，每字节为一 ASCII 码，代表一个字符，又称为字符文件。文本文件结构简单，但不能灵活存取，适用于不经常修改的文件。

二进制文件是字节的集合，直接把二进制码存放在文件中。除没有数据类型或者记录长度的含义外，它与随机访问很相似。

2.2.1　标准 C++文件操作函数

使用一个文件必须在程序中先打开一个文件，其目的是将一个文件流与一个具体的磁盘文件联系起来，然后使用文件流提供的成员函数进行数据的读/写操作。打开文件可以调用 fopen( )函数，函数格式如图 2.6 所示。

FILE*fopen（char*filename, *type）;
图 2.6　打开文件函数格式

文件名可以包含路径和文件名两部分。如："TEST.DAT"、"C：\\TC\\TEST.DAT"。如果成功地打开文件，则 fopen( )函数返回文件指针。否则返回空指针（NULL），由此可判断文件打开是否成功。常用的文件打开方式如下。

"r"：打开文字文件只读。

"w"：创建文字文件只写。

"a"：增补，如果文件不存在则创建一个。

"r+"：打开一个文字文件读/写。

"w+"：创建一个文字文件读/写。

"a+"：打开或创建一个文件增补。

"b"：二进制文件（可以和上面每一项合用）。

"t"：文本文件（默认项）。

例如：fopen（"c：\\ccedos\\clib"，"rb"）;//打开一文件名为 clib 的二进制文件。

打开一个文件且对文件进行读或写操作后，应该调用文件流的成员函数（fclose( )）来关闭相应的文件，释放系统为该文件分配的资源（如缓冲区等）。函数格式为

```
intfclose (FILE*stream);
```

当文件关闭成功时，返回 0，否则返回一个非零值。

2.2.2　I/O 文件流类 fstream

文件流是在磁盘文件和内存数据（如程序中的变量、数组、链表等）之间建立的一条数据流通的管道，数据可以通过这条管道在内存和文件之间进行流动。

文件流分为输入流和输出流两类。输入流是以文件为源头，以内存为目的地的流，即从磁盘文件读取数据到内存中的流。输出流以内存为源头、以磁盘文件为目的地的流，即将内存数据写入磁盘文件的流。图 2.7 所示为文件流，在"fstream.h"中说明，其中"fstream.h"中定义了各种文件操作运算符及函数。

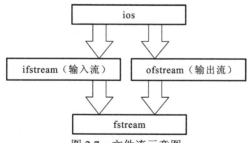

图 2.7　文件流示意图

在涉及文本文件的操作时，将输入文件看成键盘，将输出文件看成显示器，格式不变。只需在程序中增加打开与关闭文件的语句。利用文件流进行文本文件的操作时，在程序内

定义一个文件类的对象。由该对象与文件发生联系，程序内所有对文件的操作都是对该对象的操作。

（1）建立文件类的对象，打开文件，使文件类对象与预操作的文件发生联系。用对象打开文件：

```
ifstream_infile;                    //定义输入文件类对象
infile.open ("myfile.txt");         //利用函数打开某一文件
ofstreamoutfile;                    //定义输出文件类对象
outfile.open("myfile.txt");         //打开某一文件供输出
```

在打开文件后，都要判断打开是否成功。若打开成功，则文件流对象值为非零值；若打开不成功，则其值为0。

（2）文本文件读写（文件流的数据输入输出）。

```
ifstream_infile;                    //定义输入文件类对象
infile.open("myfilel.txt");         //利用函数打开某一文件
floatx, y;
infile>>x>>y;                       //用 infile 代替 myfile1.txt 进行操作
ofstreamoutfile;                    //定义输出文件类对象
outfile.open("myfile2.txt");        //利用函数打开某一文件
outfile<<x<<"\t"<<y<<endl;          //用 outfile 代替 myfile2.txt 进行操作
```

（3）关闭文件。

```
ifstream_infile;
ofstreamoutfile;
infile.open("myfilel.txt");
outfile.open("myfile2.txt");
floatx, y;
infile>>x>>y;
outfile<<x<<'\t'<<y<<end;
infile.close( );
outfile.close( );
```

当用类 fstream 定义文件对象时，该对象既能定义输入文件对象，又能定义输出文件对象，所以打开文件时，必须在成员函数 open( )中的参数中给出打开方式（读或写）。

```
fstreampfile1, pfile2;              //定义了两个文件类的对象
pfilel.open"filel.txt", ios::in);   //用于输入
pfile2.open"file2.txt", ios::out);  //用于输出
charch;
pfilel>>ch;                         //输入
pfile2<<ch;                         //输出
pfilel.close( );
pfile2.close( );
```

打开输入文件时，文件必须存在。打开输出文件时，若文件不存在，则建立文件；若文件存在，则删除原文件的内容，使其成为一个空文件。

2.2.3 文件操作

CStdioFile 是 CFile 的派生类，对文件进行流式操作，对于文本文件的读写很有用处，可按行读取写入。

使用 CFile 操作文件的流程如下。

（1）构造一个 CFile 对象。

（2）调用 CFile::Open( )函数创建、打开指定的文件。

（3）调用 CFile::Read( )和 CFile::Write( )进行文件处理。

（4）调用 CFile::Close( )关闭文件句柄。

创建和打开文件时，文件打开模式可组合使用，用"I"隔开，常用的有以下几种。

```
file.Open(_T("test.txt"),CFile::modeCreateICFile::modeNoTruncateICFile:
modeReadWrite);
```

CFile::modeCreate：以新建方式打开。如果文件不存在，新建；如果文件已存在，把该文件长度置零，即清除文件原有内容。

CFile::modeNoTruncate：以追加方式打开。如果文件存在，打开并且不将文件长度置零；如果文件不存在，会显示异常。一般与 CFile::modeCreate 一起使用，如果文件不存在，则新建一个文件，存在就进行追加操作。

CFile::modeReadWrite：以读写方式打开文件。

CFile::modeRead：只读。

CFile::modeWrite：只写。

2.2.4 示例

读取测量文件数据，计算多边形的面积。多边形面积计算公式为

$$P = \frac{1}{2}\sum_{i=1}^{n}(x_{i+1}+x_i)(y_{i+1}-y_i), \quad i=1,2,\cdots,n, \ \text{当} i=n \text{时}, \ i+1=1 \tag{2.1}$$

主要程序代码如下。

多边形顶点用结构体表示。

```
structpoint{                                    //多变形顶点坐标
        doublex;
        doubley;
};
voidCFileDemoDlg::OnBnClickedButton1( )
{
    //创建打开文件对话框
    CFileDialogdlgFile(TRUE,_T("txt"),NULL,OFN_ALLOWMULTISELECTOFN_
EXPLORER,_T("(文本文件)|*.dat"));
        if(dlgFile.DoModal( )==IDCANCEL)return;    //如果点击了取消按键,则退出
        CStringstrFileName=dlgFile.GetPathName( );  //获取选择文件的名称
        CStdioFilesf;                              //创建文件对象
        //以读的形式打开文件,如果打开失败则返回
```

```
if(!sf.Open(strFileName, CFile::modeRead))
{
    MessageBox(_T("窗口关闭"));
    return;
}
CStringstrLine;
BOOLbEOF=sf.ReadString(strLine);              //读取第一行
if(!bEOF)
{
    MessageBox(_T("数据有误，请检查数据文件！"));
    return;
}
intiPointCount;                                //多边形顶点个数
iPointCount=_ttoi(strLine);                    //把读取的第一行字符串转换为数值型
point*Point=newpoint[iPointCount];             //保存多边形顶点数据
inti=0,n=0;
while(bEOF)
{
    bEOF=sf.ReadString(strLine);
    if(strLine=="")continue;                   //如果是空行则下边不执行
    CStringArray*pstrData=newCStringArray( );
    SplitString(pstrData, strLine, ',');
    constCStringx=pstrData->GetAt(1);
    constCStringy=pstrData->GetAt(2);
    Point[i].x=_tstof(x);
    Point[i].y=_tstof(y);
    i++;
    deletepstrData;
}
//计算多边形的面积并输出
CStringstrOutput;
doublePolygonArea=Area(Point，iPointCount);
strOutput.Format(_T("多边形面积=%0.4f"),PolygonArea);
MessageBox(strOutput);
//删除顶点坐标
delete[]Point;
Point=NULL;
}
//计算多边形的面积
doubleCFileDemoDlg::Area(point*Point，intiPointCount){
    doubledArea=0;
    for(inti=0;i<iPointCount;i++)
```

```
        {
            if(i==iPointCount-1)
            {
                dArea+=0.5*(Point[0].x+Point[i].x)*(Point[0].y-Point[i].y);
            }
            else
            {
                dArea+=0.5*(Point[i+1].x+Point[i].x)*(Point[i+1].y-Point[i].y);
            }
        }
        returndArea;
    }
    //拆分字符串,读取坐标数据
    CStringArray*CFileDemoDlg::SplitString(CStringArray*strArray,CStringstring,
wchar_tpattern)
    {
        CStringstrTemp=string;
        intiPos=0;
        while(iPos!=-1)
        {
            iPos=strTemp.Find(pattern);
            if(iPos==-1)
            {
                break;
            }
            strArray->Add(strTemp.Left(iPos));
            strTemp=strTemp.Mid(iPos+1,strTemp.GetLength( ));
        }
        strArray->Add(strTemp);
        for(inti=0;i<strArray->GetSize( );i++){
            CStringc=strArray->GetAt(i);
        }
        returnstrArray;
    }
```
运行结果如图 2.8 所示。

图 2.8 计算多边形面积程序运行结果

2.3 树 与 图

2.3.1 树

1. 自由树

自由树是一个连通的、无环的无向图。通常情况下，当提到一个图是树时，会省略形容词"自由"，称一个可能不连通的无向无环图为森林。许多树的算法对森林也适用。图 2.9（a）所示为一棵自由树，图 2.9（b）所示为一个森林。图 2.9（b）的森林不是树，因为它不连通。图 2.9（c）中的图是连通的，但是它既不是树也不是森林，因为它包含环。

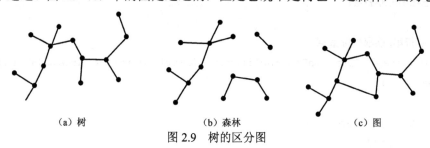

（a）树　　　　　　　　　（b）森林　　　　　　　　（c）图

图 2.9　树的区分图

2. 有根树和有序树

有根树是一棵自由树，其顶点中存在一个与其他顶点不同的顶点，称该不同顶点为树的根。一棵有根树的顶点常常称为树的结点 e。图 2.10（a）所示为一棵有 12 个结点、根为 7 的有根树。

有序树是一棵有根树，其中每个结点的孩子是有序的。也就是说，若一个结点有 k 个孩子，则这些孩子之间会区分哪个结点是第一个孩子，哪个结点是第二个孩子，…，哪个结点是第 k 个孩子。图 2.10 中的两棵树若看作有序树，则它们是不同的，但是若仅仅看作有根树的话，则它们是相同的。

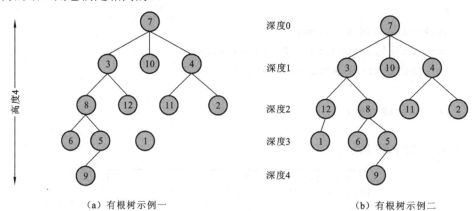

（a）有根树示例一　　　　　　　　　　　（b）有根树示例二

图 2.10　有根树和有序树

3. 二叉树和位置树

二叉树 T 是定义在有限结点集上的结构，它不包含任何结点，或者包含三个不相交的结点集合：一个根结点，一棵称为左子树的二叉树，以及一棵称为右子树的二叉树。

不包含任何结点的二叉树称为空树或零树，有时用符号 NIL 表示。如果左子树非空，则它的根称为整棵树的根的左孩子。类似地，非空右子树的根称为整棵树的根的右孩子。如果一棵子树是零树，则称该孩子是缺失或者丢失的。图 2.11（a）所示为一棵二叉树。

二叉树不仅仅是一棵结点度均为 2 的有序树。例如，在一棵二叉树中，如果一个结点仅有一个孩子，则它是左孩子还是右孩子是有关系的。而在有序树中，是没有必要区分一个单独的孩子是左孩子还是右孩子的。图 2.11（b）所示为一棵与图 2.11（a）不同的二叉树。两者的不同之处在于结点 5 的位置。这两棵树如果仅被看作有序树，则它们是相同的。

如图 2.11（c）所示，二叉树的位置信息可以用有序树中的内部结点来表示。这一想法需要将二叉树中每个缺失的孩子用一个没有孩子的结点替代。这些叶结点在图 2.11 表示为正方形。这样得到的树是满二叉树，即每个结点是叶结点或者度为 2。满二叉树中不存在度为 1 的结点。最终，结点的孩子的顺序保留了位置信息。

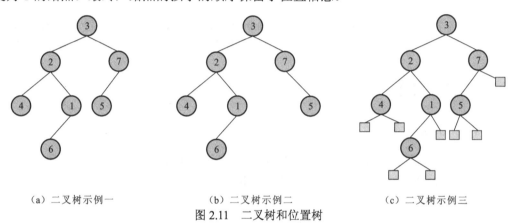

（a）二叉树示例一　　　　　　（b）二叉树示例二　　　　　　（c）二叉树示例三

图 2.11　二叉树和位置树

2.3.2　图

图可分为有向图和无向图，本小节将对这两种图进行简单介绍。

有向图 G 是一个二元组(V, E)，其中 V 是有限集，而 E 是 V 上的二元关系。集合 V 称为图 G 的顶点集，其元素称为顶点。集合 E 是 G 的边集，其元素称为边。图 2.12（a）描绘了顶点集为{1, 2, 3, 4, 5, 6}的有向图。注意，图中有可能存在自环——两个顶点相同的边。

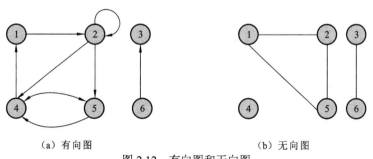

（a）有向图　　　　　　　　　　　（b）无向图

图 2.12　有向图和无向图

在无向图 $G=(V, E)$ 中，边集 E 由无序的顶点对组成，而不是有序对。也就是说，一条边是一个集合 $\{u, v\}$，其中 $u, v \in V$ 且 $u \neq v$。按照惯例，用符号 (u, v) 表示边，而不用集合符号 $\{u, v\}$，但 (u, v) 和 (v, u) 被视为同一条边。无向图中不允许存在自环，所以每条边包含两个不同顶点。图 2.12（b）描绘了顶点集为 $\{1, 2, 3, 4, 5, 6\}$ 的一个无向图。

有几种图有其特有的名字，例如完全图、二分图、无向无环图等。完全图是图中每对顶点均邻接的无向图。二分图是一个无向图 $G=(V, E)$，其顶点集 V 可以被划分为两个集合 V_1 和 V_2，满足 $V_1 \cap V_2 = \phi$，$V_1 \cup V_2 = V$，对于任意一条边 $e=(u_i, v_j)$，均有 $u_i \in V_1$ 和 $v_j \in V_2$。也就是说，所有的边都位于这两个顶点集合之间。无向无环图是一个森林。连通无向无环图是一棵（自由）树，通常用有向无环图（directed acyclic graph）的三个首字母称呼它，即 dag。

2.4 图形开发基础

Windows 提供了图形设备接口（graphic device interface，GDI）来实现绘制图形的功能。GDI 提供了一组预定义的 GDI 对象，如画笔、画刷等，使用户可以在任何设备上绘图。

2.4.1 坐标系统

1. Windows 坐标系

Windows 坐标系分为逻辑坐标系和设备坐标系两种，GDI 支持这两种坐标系。一般而言，GDI 的文本和图形输出函数使用逻辑坐标系，而在客户区移动或按下鼠标的鼠标位置是采用设备坐标系。

逻辑坐标系是面向设备描述表（device context，DC）的坐标系，这种坐标系不考虑具体的设备类型，在绘图时，Windows 会根据当前设置的映射模式将逻辑坐标转换为设备坐标。

设备坐标系是面向物理设备的坐标系，这种坐标以像素或设备所能表示的最小长度单位为单位，x 轴方向向右，y 轴方向向下。默认的坐标原点是在其客户区的左上角，但是原点和坐标轴方向也可以改变，而度量单位不可以改变。

设备坐标系又可分为屏幕坐标系、窗口坐标系和客户区坐标系三种相互独立的坐标系。

2. 坐标之间的转换

编程时，有时需要根据当前的具体情况进行三种设备坐标系之间或与逻辑坐标系的相互转换。

微软基础类库（Microsoft foundation classes，MFC）提供了两个函数 CDC::DPtoLP( ) 和 CDC::LPtoDP( ) 用于设备坐标与逻辑坐标之间的相互转换。同时 MFC 提供了两个函数 CWnd::ScreenToClient( ) 和 CWnd::ClientToScreen( ) 用于屏幕坐标与客户区坐标的相互转换。

2.4.2 GDI 绘图

GDI 可处理所有 Windows 程序的图形输出。要在屏幕或者其他输出设备上输出图形或文字，必须先获得一个称为设备描述表（DC:DeviceContext）的句柄，以它为参数，调用各种 GDI 函数实现各种文字或图形的输出。

设备描述表是 GDI 内部保存数据的一种数据结构，其属性值与特定的输出设备（显示器、打印机等）相关，属性定义了 GDI 函数的工作细节，如文字的颜色范围，x 坐标和 y 坐标映射到窗口显示区域的方式等。

1. 设备环境 CDC 类

在用 GDI 绘图的时候，绘图对象就好比是画家的画布，而图形对象好比是画家的画笔。用画笔在画布上绘画，不同的画笔将画出不同的画来。选择合适的图形对象和绘图对象，才能按照要求完成绘图任务。CDC 类有：CPaintDC、CClientDC、CWindowDC 和 CMetaFileDC 等。

2. GDI 对象

除设备环境外，Windows 也提供一套 GDI 对象。不同的绘图工具（如画笔和画刷）和绘图属性（如颜色和字体）都叫作 GDI 对象。

MFC 定义了几种 GDI 对象类型，包括画笔（CPen）、画刷（CBrush）、字体（CFont）、位图（CBitmap）、调色板（CPalette）、区域（CRgn）。

3. 绘图数据类型

绘图数据一般包括 POINT 结构体、RECT 结构体、CPoint 类、CRect 类等。

4. GDI 绘图方法

在 GDI 绘图中，可以画出线、矩形、椭圆、多边形等图形，下面一一进行介绍。

1）画线

设置画笔的当前位置：

```
CPointCDC::MoveTo(intx，inty);
CPointCDC::MoveTo(POINTpoint);
```

其中：x、y 和 point 为当前画笔位置的逻辑坐标。

从当前位置向指定坐标点画直线的函数：

```
BOOL CDC::LineTo(intx, inty); BOOLCDC::LineTo(POINTpoint);
```

画一组连续线段：

```
BOOL CDC::Poyline(LPPOINTlpPoints,intnCount);
```

画多组相连的线段：

```
BOOL CDC::PolyPolyline(constPOINT*lpPoints,constDWORD*lpPolyPoints,intnCount);
```

2）画矩形

RECT 类是用来描述一个用左上角和右下角定义的矩形，可以利用当前画笔绘制一个矩形，并用当前画刷进行填充：

```
BOOL CDC::Rectangle(intx1,inty1,intx2,inty2);
BOOL CDC::Rectangle(LPCRECTlpRect);
```

其中：（x1，y1）和（x2，y2）分别为矩形的左上角和右下角的坐标，lpRect 用于指定矩形。

此外，还可利用当前画笔绘制一个圆角矩形，并用当前画刷进行填充：

```
BOOL CDC:RoundRect(intx1,inty1,int2,inty2,intx3,inty3);
BOOL CDC:RoundRcct((LPCRECTlpRect,POINTpoint);
```

其中：（x1，yl，x2，y2）和 lpRect 用于指定一个矩形；x3 和 point 的 x 坐标指定画圆角矩形的逻辑宽度；y3 和 point 的 y 坐标指定画圆角矩形的逻辑高度。

3）画椭圆

可利用当前画笔绘制一个椭圆，并用当前画刷进行填充：

```
BOOL CDC::Ellipse(intxl,inty1,intx2,inty2);
BOOL CDC:Ellipse(LPCRECTlpRect);
```

其中：（x1，yl，x2，y2）和 lpRect 为用于指定椭圆的限定矩形。当限定矩形的宽度和高度相等时，则绘制一个圆。

4）画多边形

可利用当前画笔绘制一个多边形，并用当前画刷进行填充：

```
BOOL CDC:Polygon(LPPOINTlpPoints,intnCount);
```

其中：lpPoints 为一个指向多边形顶点的 POINT 结构或 CPoint 对象的数组指针；nCount 为数组中顶点的数目。

5. 字符串输出

在 GDI 绘图中，CDC 类提供了以下 4 个输出文本的成员函数。

（1）TabbedTextOut：绘制的文本是一个多列的列表形式，启用制表位，可以使绘制出来的文本效果更佳。

（2）DrawText：在一个矩形区域绘制多行文本。

（3）ExtTextOut：文本和图形结合紧密，字符间隔不等，并要求有背景颜色或矩形剪裁特性。

（4）TextOut：一般没什么特殊要求，它是用于显示文字的最常用的 GDI 函数。

6. GDI 绘图的一般步骤

用 GDI 绘图的一般步骤如下。

（1）首先获得 CDC（画板）。

（2）再获得绘图区域（GetClientRect 等）。

（3）定义创建绘图工具（CPen 等）。

（4）选择工具（CDC::SelectObject）。

（5）调用 CDC 的绘图方法进行绘图（CDC::LineTo）。

（6）选择原有工具。

（7）最后释放删除新创建的工具，释放绘图资源。

2.4.3 误差椭圆绘制

1. 误差椭圆绘制

头文件 CErrorEllipseDraw.h

```
#pragmaonce
class CErrorEllipseDraw
{
public:
CErrorEllipseDraw(void);
~CErrorEllipseDraw(void);
private:
    double dE;               //长半轴
    double dF;               //短半轴
    double dAlfa;            //长半轴方位角
    double dOrgX,dOrgY;      //误差椭圆中心位置,即控制点平面坐标
    double dScale;           //绘图比例
public:
    void SetEllipseElement(doubleE,doubleF,doubleAlfa);
    void SetOrgCoord(doubleX,doubleY);
    void DrawFrame(CDC*pDC,CRect&rect);
    void Draw(CDC*pDC,CRect&rect);
    void SetScale(doublescale);
};
```

CErrorEllipseDraw.cpp 源码:

```
#include"pch.h"
#include"CErrorEllipseDraw.h"
#include"math.h"
const double PI=3.1415926535897932;
CErrorEllipseDraw::CErrorEllipseDraw(void)
{
    dScale=1.0;
    dOrgX=0;
    dOrgY=0;
}
CErrorEllipseDraw::~CErrorEllipseDraw(void)
{
}
void CErrorEllipseDraw::SetEllipseElement(double E,double F,double Alfa)
{
```

```
        dE=E;
        dF=F;
        dAlfa=Alfa;
}
void CErrorEllipseDraw::SetOrgCoord(double X,double Y)
{
        dOrgX=X;
        dOrgY=Y;
}
```

2. 坐标轴绘制函数

```
void CErrorEllipseDraw::DrawFrame(CDC* pDC,CRect &rect)
{
        CPen pen(PS_SOLID,2,RGB(0,0,0));
        CPen* pOldPen=pDC->SelectObject(&pen);
        pDC->Rectangle(rect);
        pDC->MoveTo(rect.left,rect.top+dOrgY);
        pDC->LineTo(rect.right,rect.top+dOrgY);              //X轴
        pDC->MoveTo(rect.left+dOrgX,rect.bottom);
        pDC->LineTo(rect.left+dOrgX,rect.top);               //Y轴
        pDC->MoveTo(rect.right-10,rect.top+dOrgY-5);
        pDC->LineTo(rect.right,rect.top+dOrgY);              //X轴箭头
        pDC->LineTo(rect.right-10,rect.top+dOrgY+5);
        pDC->MoveTo(rect.left+dOrgX-5,rect.top+10);
        pDC->LineTo(rect.left+dOrgX,rect.top);               //Y轴箭头
        pDC->LineTo(rect.left+dOrgX+5,rect.top+10);
        pDC->SelectObject(pOldPen);
        pen.DeleteObject( );
        LOGFONT lf;
        memset(&lf,0,sizeof(LOGFONT));
        lf.lfHeight=16;
        _tcsncpy_s(lf.lfFaceName,LF_FACESIZE,_T("宋体"),4);
        //绘制坐标X,Y
        CFont font;                                          //创建字体
        font.CreateFontIndirect(&lf);
        CFont* pOldFont=pDC->SelectObject(&font);
        pDC->TextOut(rect.right-20,rect.top+dOrgY+10,_T("X"),1);
        pDC->TextOut(rect.left+dOrgX+10,rect.top+10,_T("Y"),1);
        pDC->SelectObject(pOldFont);
        font.DeleteObject( );
```

```
//绘制坐标刻度
lf.lfHeight=8;
CFont fTick;
fTick.CreateFontIndirect(&lf);
pOldFont=pDC->SelectObject(&fTick);
CString str;
int iTickWidth=(rect.Width( )>rect.Height( ))? rect. Height( ):
rect.Width( );
    iTickWidth=iTickWidth/22;
    for(inti=-10;i<=10;i++)
    {
        pDC->MoveTo(iTickWidth*(i+1)+dOrgX,rect.top+dOrgY);
        pDC->LineTo(iTickWidth*(i+1)+dOrgX,rect.top+dOrgY-5);
        str.Format(_T("%d"),i);
        if(i!=0)
        {
            pDC->TextOut(iTickWidth*(i+1)+dOrgX,
                rect.top+dOrgY+10,str,4);
        }
        pDC->MoveTo(rect.left+dOrgX,iTickWidth*(i+10+1));
        pDC->LineTo(rect.left+dOrgX+5,iTickWidth*(i+10+1));
        str.Format(_T("%d"),-i);
        pDC->TextOut(rect.left+dOrgX-20,iTickWidth*(i+10+1),str,4);
    }
    pDC->SelectObject(pOldFont);
    fTick.DeleteObject( );
}
```

3. 椭圆绘制函数

```
void CErrorEllipseDraw::Draw(CDC* pDC,CRect& rect)
{
    double dStartX,dStartY,dEndX,dEndY;
    //绘制短半轴
    dStartX=(dF*sin((dAlfa/180)*PI)+dOrgX)*dScale;
    dStartY=(-dF*cos((dAlfa/180)*PI)+dOrgY)*dScale;
    dEndX=(-dF*sin((dAlfa/180)*PI)+dOrgX)*dScale;
    dEndY=(dF*cos((dAlfa/180)*PI)+dOrgY)*dScale;
    CPen pen(PS_SOLID,2,RGB(0,0,0));
    CPen* pOldPen=pDC->SelectObject(&pen);
    pDC->MoveTo(dStartX,dStartY);
```

```
        pDC->LineTo(dEndX,dEndY);
        //绘制长半轴
        dStartX=(-dE*cos((dAlfa/180)*PI)+dOrgX)*dScale;
        dStartY=(-dE*sin((dAlfa/180)*PI)+dOrgY)*dScale;
        dEndX=(dE*cos((dAlfa/180)*PI)+dOrgX)*dScale;
        dEndY=(dE*sin((dAlfa/180)*PI)+dOrgY)*dScale;
        pDC->MoveTo(dStartX,dStartY);
        pDC->LineTo(dEndX,dEndY);
        double ex,fy;
        ex=dE;
        fy=0;
        //转换到长半轴方向上
        dStartX=(ex*cos((dAlfa/180)*PI)-fy*sin((dAlfa/180)*PI)+dOrgX)*dScale;
        dStartY=(fy*cos((dAlfa/180)*PI)+ex*sin((dAlfa/180)*PI)+dOrgY)*dScale;
        pDC->MoveTo(dStartX,dStartY);
        for(int i=6;i<=360;i+=6)
        {
            //在坐标轴方向的坐标
            ex=dE*cos((i/180.0)*PI);
            fy=dF*sin((i/180.0)*PI);
            //转换到长半轴方向上
            dEndX=(ex*cos((dAlfa/180)*PI)-fy*sin((dAlfa/180)*PI)+dOrgX)*dScale;
            dEndY=(fy*cos((dAlfa/180)*PI)+ex*sin((dAlfa/180)*PI)+dOrgY)*dScale;
            pDC->LineTo(dEndX,dEndY);
        }
        pDC->SelectObject(pOldPen);
        pen.DeleteObject( );
}
void CErrorEllipseDraw::SetScale(doublescale)
{
    dScale=scale;
}
```

4. 使用绘制函数绘制

进入项目的 View 文件中，在 OnDraw 函数内绘制：

```
void CErrorEllipseDrawView::OnDraw(CDC* pDC)
{
    CErrorEllipseDrawDoc* pDoc=GetDocument( );
    ASSERT_VALID(pDoc);
    if(!pDoc)   return;
```

```
CRect rect;
GetClientRect(&rect);
CErrorEllipseDraw errEllipseDraw;
errEllipseDraw.SetOrgCoord(double(rect.Width( )/2),double(rect.Height( )/2));
errEllipseDraw.SetEllipseElement(50,100,30);
errEllipseDraw.DrawFrame(pDC,rect);
errEllipseDraw.Draw(pDC,rect);
}
```
运行结果如图 2.13 所示。

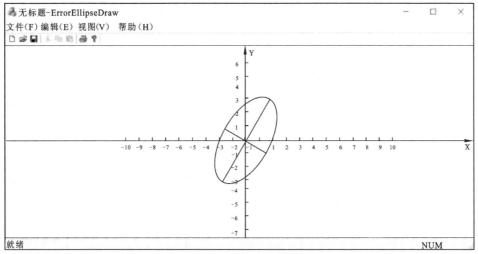

图 2.13　误差椭圆绘制结果

第 3 章　测量平差数据结构

测量平差程序处理的对象是程序所适用的各种测量控制网问题。一个具体的控制网通常是以图形方式直接绘出的，为了用计算机进行控制网的平差计算，就需要将具体的网型转化为一系列的数据，然后才能输入计算机进行处理。这种将网形转化为一系列数据的过程称为网型数字化。网型数字化所得到的一组数据就是控制网的数据结构，如图 3.1 所示。

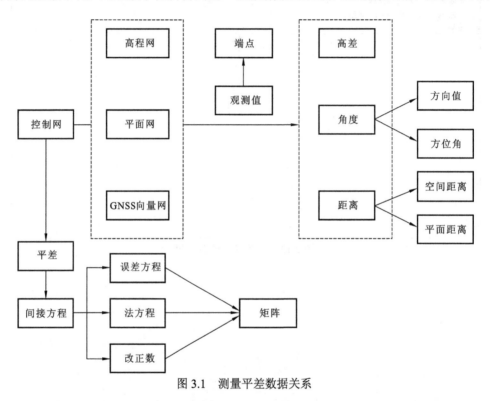

图 3.1　测量平差数据关系

控制网网型数据结构与测量平差模型的选择密切相关，在算法的具体实现中，从数据组织的角度来看，原始观测数据的组织很大程度上需要依赖测量平差模型的选择。不仅如此，在具体的实现中，控制网网型数据结构与原始观测数据的组织理论相辅相成，二者的工作同步进行。因此，在进行控制网网型数据结构设计与原始观测数据的组织之前，首先需要明确所选的平差模型，进而对控制网网型数据结构进行设计。

数据结构涉及的范围很广泛。在每个具体问题中，数据元素及其关系是确定的，而且都有其特定的含义。测量平差数据结构就是表达一个控制网的全部数据的集合，包括已知数据、观测数据、网图数据、平差计算过程与结果数据。从图 3.1 测量平差数据关系中，可以抽象出 C++ 对象来存储管理相应的平差数据，主要类对象有角度类、矩阵类、控制点类、观测值类、控制网类与平差类。

3.1 角 度 类

外业测量的角度观测值单位一般不是弧度，通常是度、分、秒表示的角度值。为便于输入观测角度或输出角度值的直观查看，角度观测值常用浮点小数直接表示度、分、秒，即度为整数部分，小数点后两位为分，小数点后第三位开始为秒，如 356.093 67 表示 356°09′36.7″。在计算处理时，例如 cos 等三角函数使用角度单位是弧度，测量程序中常遇到角度的换算问题，然而 C++内部没有直接的对象或类型来描述与管理，需要一个自定义角度类来描述测量角度值。要描述一个角度至少需要一个属性，即角度大小，单位为弧度，并要求角度类具有转换功能，即弧度与度、分、秒等相互换算，且使用方便。角度互相转换的流程设计如图 3.2 所示。

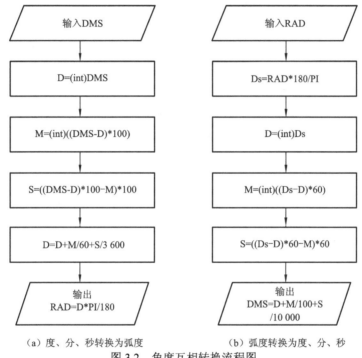

（a）度、分、秒转换为弧度　　　　（b）弧度转换为度、分、秒

图 3.2　角度互相转换流程图

```cpp
//头文件：CugAngle.h
classCugAngle
{
protected:
    double dValue;
    Style style;
public:
    //角度的类型值
    typedef enumStyle
    {
```

```
        DMS,                                    //以度分秒描述
        RAD                                     //以弧度为单位描述
    }Style;
    //角度类的构造与析构
    CugAngle(double v=0,Style s=DMS)
    {
        Set(v,s);
    }
    ~CugAngle( ){}
    //设置与获取角度的操作
    void Set(double v,Style s=DMS);
    double Get(Style s=DMS);
    //重载运算符+、-
    friend CugAngle operator+(constCugAngle&a1,constCugAngle&a2);
    friend CugAngle operator-(constCugAngle&a1,constCugAngle&a2);
    //不同单位角度间的相互换算
    static double CugRadianToDms(doubledRad);    //弧度转度分秒
    static double CugDmsToRadian(doubledDMS);    //度分秒转弧度
    };
//源文件：CugAngle.cpp
void CugAngle::Set(double v,Style s=DMS)
{
    this->dValue=v;
    this->style=s;
}
doubleCugAngle::Get(Styles=DMS)
{
    returnthis->dValue;
}
double CugAngle::CugRadianToDms(double T)
{
    double A,A1,A2,B;
    int I,LI;
    A=T*180/PI;
    I=(int)A;
    A1=(A-I)*60;
    LI=(int)A1;
    A2=(A1-LI)*60;
    if(A2>59)
    {
```

```
        LI+=1;
        A2=0.0;
    }
    if(LI==60)
    {
        I+=1;
        LI=0;
    }
    B=I+LI/100.0+A2/10000.0;
    return B;
}
double CugAngle::CugDmsToRadian(double B)
{
    double T,L3;
    int L1,L2;
    L1=(int)(B+0.3);
    L2=(int)((B-L1)*100+0.3);
    L3=((B-L1)*100-L2)*100;
    T=(L1+L2/60.0+L3/3600.0)*PI/180.0;
    return T;
}
CugAngle operator+(const CugAngle& a1,const CugAngle& a2)
{
    if(a1.style==DMS)
    {
        CugDmsToRadian(a1.dValue);
    }
    if(a2.style==DMS)
    {
        CugDmsToRadian(a2.dValue);
    }
    CugAngle a3;
    a3.Set(a1.dValue+a2.dValue,CugAngle::RAD);
    return a3;
}
CugAngle operator-(const CugAngle& a1,const CugAngle& a2)
{
    if(a1.style==DMS)
    {
        CugDmsToRadian(a1.dValue);
```

```
    }
    if(a2.style==DMS)
    {
        CugDmsToRadian(a2.dValue);
    }
    CugAngle a3;
    a3.Set(a1.dValue-a2.dValue,CugAngle::RAD);
    return a3;
}
```

3.2 矩 阵 类

测量平差程序中经常需要利用矩阵进行相关的运算，在程序实现中，用数组（一维或二维数组皆可）存储矩阵是最直观、最方便的办法。

矩阵运算包括加、减、乘、转置及求逆，为了方便地表示矩阵的元素并符合用户的表达习惯，可以对相关运算符进行重载，如重载+运算符，以便直接进行矩阵之间的加法，例如：$A+B=C$。为了实现代码的可重用性，可以运用模板矩阵类，设计如图 3.3 所示的矩阵类 UML 图，矩阵类的属性成员应当包括矩阵的行数、列数及指向存储空间的指针。矩阵的功能，即成员函数应当包括构造函数（含复制构造）、析构函数、加减乘的运算符重载函数、矩阵的转置函数及矩阵的求逆函数（对称正定矩阵的逆）。

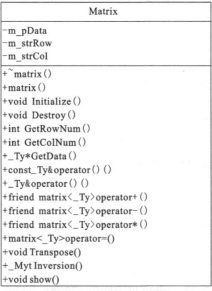

图 3.3 矩阵类 UML 图

矩阵相乘、相加与相减等功能函数的实现方法类似，以下以相乘为例介绍矩阵相乘运算流程，如图 3.4 所示。

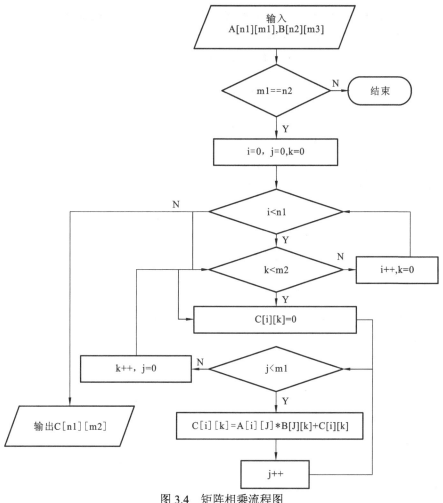

图 3.4　矩阵相乘流程图

转置是矩阵的常用功能，其流程设计如图 3.5 所示。

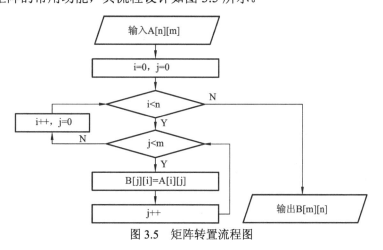

图 3.5　矩阵转置流程图

各种平差计算都要进行法方程解算，解算过程中要对法方程系数矩阵求逆，因为法方程系数矩阵一般是对称正定矩阵，所以只考虑对称正定矩阵的求逆计算。线性代数中可以

将一个正定矩阵分解为唯一的下三角矩阵及其共轭转置矩阵的乘积，称为楚列斯基（Cholesky）分解，其计算公式可表示为

$$A_{n \times n} = L_{n \times n} L_{n \times n}^{\mathrm{T}} \tag{3.1}$$

$$L_{(j,j)} = \sqrt{A_{(j,j)} - \sum_{k=0}^{j-1} L_{(j,k)}^2}, \quad j = 1, 2, \cdots, n \tag{3.2}$$

$$L_{(i,j)} = \frac{1}{L_{(j,j)}} \left(A_{(j,j)} - \sum_{k=0}^{j-1} L_{(i,k)} L_{(j,k)} \right), \quad 1 \leqslant i, j \leqslant n \tag{3.3}$$

式中：L 为下三角矩阵；L^{T} 为上三角矩阵。

N 阶上三角矩阵 U 的逆矩阵 V 的计算公式可表示为

$$V_{(i,i)} = \frac{1}{U_{(i,i)}}, \quad i = 1, 2, \cdots, n \tag{3.4}$$

$$V_{(i,j)} = -\frac{\displaystyle\sum_{k=i+1}^{j} V_{(k,j)} U_{(i,k)}}{U_{(i,i)}}, \quad i = n-1, n-2, \cdots, 1; j = i+1, \cdots, n \tag{3.5}$$

矩阵求逆流程图如图 3.6 所示，以下为矩阵类的主要代码。

```
//矩阵类的头文件:matrix.h
template<class_Ty>
class Matrix
{
    typedef Matrix<_Ty>_Myt;
protected:
    _Ty* m_pDatas;                      //指针(一维数组)
    int m_stRow;                        //矩阵行数
    int m_stCol;                        //矩阵列数
public:
    Matrix(int stRow,int stCol);        //带有形参的构造函数
    Matrix(_Myt& rhs);                  //复制构造函数
    ~Matrix( )
    {
        Destroy( );
    }
    void Initialize(const_Ty*rhs,int stRow,int stCol);
    void Destroy( );
    int GetRowNum( ) const              //获取矩阵行数
    {
        returnm_stRow;
    }
    int GetColNum( ) const              //获取矩阵列数
```

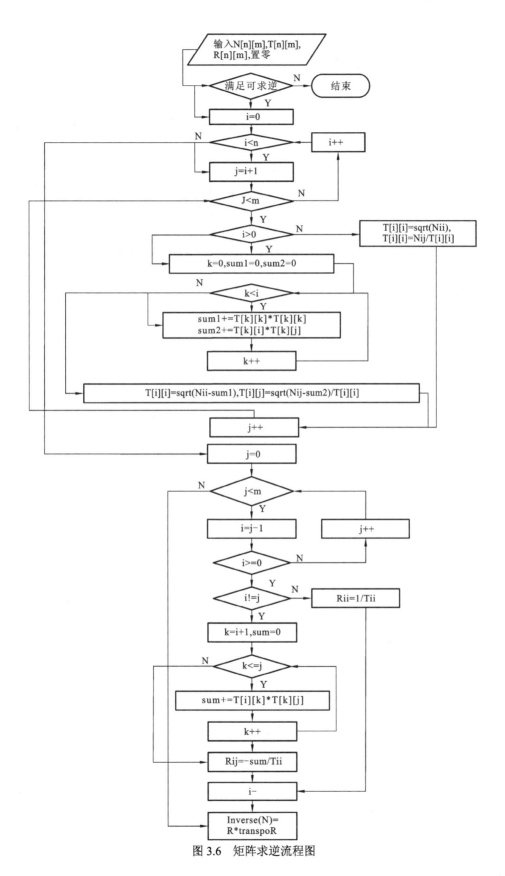

图 3.6 矩阵求逆流程图

```
        {
             returnm_stCol;
        }
        const_Tyoperator( )(intiRow,intjCol)const;
                                        //重载运算符( ),取矩阵的元素且不能改变元素的值

        _Ty& operator( )(int iRow,int jCol);
                                        //重载运算符( ),取矩阵的元素,且能改变其值
        void operator=(_Myt& rhs);        //重载运算符=
```

//友元函数的再次声明,名称后面必须加上模板变量,当然,若按上面的定义声明在一起则不用加

```
        template<class_Ty>
        friend Matrix<_Ty> operator+(const Matrix<_Ty>&lhs,const Matrix<_Ty>&rhs);
        template<class_Ty>
        friend Matrix<_Ty> operator-(const Matrix<_Ty>&lhs,const Matrix<_Ty>&rhs);
        template<class_Ty>
        friend Matrix<_Ty> operator*(const Matrix<_Ty>&lhs,const Matrix<_Ty>&rhs);
        voidTranspose( );                        //矩阵的转置
        Matrix<_Ty> Inverse( );                  //矩阵的求逆
        Bool Equal(const Matrix<_Ty>& lhs);      //矩阵的判等
};
//matrix.hpp 实现
template<class_Ty>
Matrix<_Ty>::Matrix(long stRow,long stCol)
{
        Initialize(NULL,stRow,stCol);
}
template<class_Ty>
Matrix<_Ty>::Matrix(const_Ty*rhs,long stRow,long stCol)
{
        Initialize(rhs,stRow,stCol);
}
template<class_Ty>
Matrix<_Ty>::Matrix(const_Myt& rhs)
{
        Initialize(rhs.m_pDatas,rhs.m_stRow,rhs.m_stCol);
}
template<class_Ty>
void Matrix<_Ty>::Initialize(const_Ty* rhs,long stRow,long stCol)
{
```

```cpp
    CUGASSERT(stRow>=0&&stCol>=0);
    m_stRow=stRow;
    m_stCol=stCol;
    if(m_stRow>0&&m_stCol>0)
    {
        m_pDatas=new _Ty[stRow*stCol];
        if(rhs!=NULL)
            ::memcpy(m_pDatas,rhs,sizeof(_Ty)*stRow*stCol);
        else
            ::memset(m_pDatas,0,sizeof(_Ty)*stRow*stCol);
    }
    elseif(m_stRow>0)
    {
        m_pDatas=new _Ty[stRow];
        if(rhs!=NULL)
            ::memcpy(m_pDatas,rhs,sizeof(_Ty)*stRow);
        else
            ::memset(m_pDatas,0,sizeof(_Ty)*stRow);
    }
    elseif(m_stCol>0)
    {
        m_pDatas=new _Ty[stCol];
        if(rhs!=NULL)
            ::memcpy(m_pDatas,rhs,sizeof(_Ty)*stCol);
        else
            ::memset(m_pDatas,0,sizeof(_Ty)*stCol);
    }
    else
        m_pDatas=NULL;
}
template<class _Ty>
void Matrix<_Ty>::Destroy( )
{
    m_stRow=m_stCol=0;
    if(m_pDatas!=NULL)
        delete[]m_pDatas;
}
template<class _Ty>
void Matrix<_Ty>::Transpose( )
{
```

```cpp
        MatrixTranspose<_Ty>(*this,*this);
    }
//功能：矩阵乘法函数
//入口参数：
//出口参数：mOut
template<class _Tyout,class _Tylhs,class _Tyrhs>
Matrix<_Tyout>& MatrixMultiply(matrix<_Tyout>& mOut,const matrix<_Tylhs>&
lhs,const Matrix<_Tyrhs>& rhs)
    {
        if(lhs.GetColNum( )!=rhs.GetRowNum( ))   //断定左边矩阵的列数与右边矩阵的行数相等
            returnMatrix<_Tyout>(0,0);
        //生成矩阵新对象,用lhs的行数作为新阵的行数,用rhs的列数作为新阵的列数
        Matrix<_Tyout> mTmp(lhs.GetRowNum( ),rhs.GetColNum( ));
        for(long i=0;i<mTmp.GetRowNum( );i++)
        {
            for(long j=0;j<mTmp.GetColNum( );j++)
            {
                mTmp(i,j)=_Tyout(0);                //赋初值0
                for(long k=0;k<lhs.GetColNum( );k++)
                {
                    mTmp(i,j)+=lhs(i,k)*rhs(k,j);
                }
            }
        }
        mOut=mTmp;                                  //将最后结果放入mOut矩阵中
        return mOut;                                //返回结果矩阵mOut
    }
//功能：矩阵转置
//入口参数：mIn
//出口参数：mOut
template<class _Ty>
void MatrixTranspose(Matrix<_Ty>& mIn,Matrix<_Ty>& mOut)
    {
        long sR,sC;
        sR=mIn.GetRowNum( );                        //取原矩阵行数
        sC=mIn.GetColNum( );                        //取原矩阵列数
        Matrix<_Ty> mTemp(sC,sR);                   //生成一新矩阵,行数与列数与原矩阵互换
        for(long stC=0;stC<sC;stC++)
            for(long stR=0;stR<sR;stR++)
                mTemp(stC,stR)=mIn(stR,stC);        //对新矩阵赋值
```

```
        mOut=mTemp;                                        //返回新的转置矩阵
    }
    template<class _Ty>
    Matrix<_Ty> operator*(const Matrix<_Ty>& lhs,const Matrix<_Ty>& rhs)
    {   //生成一个矩阵新对象mTmp
        _Myt mTmp(lhs.GetRowNum( ),rhs.GetColNum( ));   //没初始化
        MatrixMultiply(mTmp,lhs,rhs);
        return mTmp;              //用新矩阵对象返回
    }
    template<class _Ty>
    Matrix<_Ty>& Matrix<_Ty>::operator*=(const Matrix<_Ty>&rhs)
    {
        MatrixMultiply(*this,*this,rhs);
        return *this;
    }
    //矩阵求逆
    template<class _Ty>
    Matrix<_Ty>& Matrix<_Ty>::Inversion( )
    {
        //Cholesky分解
        Matrix<_Ty> L(this->colNum,this->colNum);         //将矩阵分解成下三角形
        for(int i=0;i<this->colNum;i++){
                for(int j=0;j<=i;j++){
                    double sum=0.0;
                    if(j==i)//对角线元素计算
                    {
                        for(int k=0;k<j;k++)
                            sum+=pow(L(j,k),2);
                        L(j,j)=sqrt((*this)(j,j)-sum);
                    }
                    else
                    {
                        //用L(j,j)计算L(i,j)
                        for(int k=0;k<j;k++)
                            sum+=(L(i,k)*L(j,k));
                        L(i,j)=(*this)(i,j)-sum)/L(j,j);
                    }
                }
        }
        Matrix<_Ty> LT=L.Transpose( );
```

```
Matrix<_Ty> LTN(LT.GetColNum( ),LT.GetColNum( ));
for(int i=0;i<LT.GetColNum( );i++)
{
    LTN.(i,i)=1/LT.(i,i));
}
for(int i=LT.GetColNum( )-2;i>=0;i--)
{
    for(int j=i+1;j<LT.GetColNum( );j++)
    {
        double sum=0.0;
        for(int k=i+1;k<=j;k++)
        {
            sum+=LTN(k,j)*LT(i,k);
        }
        LTN.set(i,j)=-sum/LT(i,i);
    }
}
Matrix<_Ty> A_Inv=LNT*LNT.Transpose( );
    returnA_Inv;
}
```

3.3 控 制 点 类

控制点类（CugPoint）用于存放点的一些属性，控制点类的属性成员有点名、高程值、平面 x，y 坐标及点当前的类型，点当前的类型包括已知、未知、已计算三种类型。其中，当未知点经过近似计算后，其类型转变为已计算。控制点类的成员函数包括构造函数、析构函数、复制构造函数、"="运算符的重载。

控制点类结构如下。

```
class CugPoint
{
public:
    enumPointTypeEnum
    {
        UnKnown=0,
        Known=1,
        Computed=2,
    };
    CugPoint( );
    CugPoint (constCugPoint&pt){operator= (pt);}
```

```
    ~CugPoint( );
    CugPoint& operator= (constCugPoint&pt);
public:
    char Name[32];          //控制点点名
    double H;               //控制点高程
    double X,Y;             //控制点平面坐标
    PointTypeEnum Type;     //控制点类型
};
```

3.4 观 测 值 类

观测值类（CugSurveyVal）用于存放观测值。属性中的两个 CugPoint 类型的指针分别指向某段观测值的起点、终点；Value 用于存放在前面两点间测出的数据。观测值类的成员函数包括构造函数、析构函数、复制构造函数、"="运算符的重载。

观测值类结构如下。

```
class CugSurveyVal
{
public:
    CugSurveyVal( );
    CugSurveyVal(const CugSurveyVal& sv);
    ~CugSurveyVal( );
    virtual void operator=(const CugSurveyVal& sv);
public:
    CugPoint*   pBegin;     //起点或测站点
    CugPoint*   pEnd;       //终点或目标点
    double Value;           //观测值
};
```

3.5 控 制 网 类

控制网类（CugControlNet）作为一个抽象类，声明了控制网中的共同属性和特征，由此派生出不同的控制网，如水准网、平面控制网等。控制网类的属性成员有控制网总点数、控制网已知点数及指向存储空间的指针（控制网点数组），功能包括构造函数，析构函数，类外成员访问保护属性成员的接口、读写文件、计算近似坐标及提供查找点的功能的 FindPoint 函数。当被查点没有在控制网点数组（CugPoint*pPoint）找到时，则该点会保存到控制网点数组中。

控制网类结构如下。

```
class CugControlNet
{
public:
    CugControlNet( );
    ~CugControlNet( );
    long GetPointCount( ){ return PointCount; }              //获取总点数
    long GetKnownPointCount( ){return KnownPointCount;}      //获取已知点点数
    const CugPoint&Point (int i)const;                        //获取第 i 点信息
    virtual int Read (constchar*fileName)=0;
    virtual int Write (constchar*fileName)=0;
    virtual void Destroy( )=0;                                //释放内存
    virtual int ComputeCoordinate(intnSelect=0)=0;           //计算近似坐标
protected:
//查找点，有就返回点，没有就保存新点
    CugPoint* FindPoint(const char* ptName,long IsSetPointName=1);
protected:
    long PointCount;                    //控制网总点数
    long KnownPointCount;               //控制网已知点数
    CugPoint* pPoint;                   //控制网点数组
};
```

3.6　平　差　类

　　平差类的属性成员包括误差方程个数、未知点个数、误差方程系数阵、权阵、误差方程常数项及验前中误差。成员函数包括构造函数、析构函数、类外成员访问保护属性成员的接口、组建误差方程。

　　平差类结构如下。

```
class CugAdjust
{
public:
    CugAdjust( );
    ~CugAdjust( );

    long GetErrorEquationCount( ){return ErrorEquationCount;}//获取误差方程个数
    long GetUnknownNumberCount( ){return UnknownNumberCount;}//获取未知数个数
    virtual void Destroy( )=0;                                //释放内存
    virtual int BuildErrorEquation( )=0;                      //组建误差方程

    const_MatrixD& GetB( ){return mtB;}
```

```
    const_MatrixD& GetP( ){return mtP;}
    const_MatrixD& GetL( ){return mtL;}
protected:
    int InitErrorEquationPara(longnErrorEquCount,longnUnknownNumCount);
    long ErrorEquationCount;        //误差方程个数
    long UnknownNumberCount;        //未知点个数
    _MatrixD mtB;                   //误差方程系数阵, 误差方程数*未知点数
    _MatrixD mtP;                   //误差方程系数阵所对应的权阵, 误差方程数*误差方程数
    _MatrixD mtL;                   //误差方程常数项, 误差方程数*1
    double  PriorMeanError;         //验前中误差
};
```

第 4 章 测量平差辅助工具

本章将对测量平差辅助工具类中涉及的各种常用函数进行算法设计与程序实现，以便后续水准网、平面控制网与空间网等测量平差模型的调用，或者应用于实际测量工作中的常用任务。主要内容包括坐标方位角计算、大地坐标与空间直角坐标转换、高斯投影正反算、平面坐标转换、空间直角坐标转换、图幅号计算等。

4.1 算 法 设 计

4.1.1 坐标方位角

根据已知点的坐标、已知边长和已知坐标方位角计算待定点坐标的方法，称为坐标正算。如果已知两点的平面直角坐标，反算其坐标方位角和边长，则称为坐标反算。例如，已知 1、2 两点的坐标 x_1, y_1 和 x_2, y_2，可用式（4.1）计算它们的坐标方位角 α_{12} 和边长 D_{12}。

$$\begin{cases} R = \tan^{-1}\dfrac{y_2 - y_1}{x_2 - x_1} = \tan^{-1}\dfrac{\Delta y_{12}}{\Delta x_{12}} \\ D_{12} = \dfrac{\Delta y_{12}}{\sin\alpha_{12}} = \dfrac{\Delta x_{12}}{\cos\alpha_{12}} = \sqrt{\Delta x_{12}^2 + \Delta y_{12}^2} \end{cases} \quad (4.1)$$

按式（4.1）计算出来的 $R \subset (-90°, +90°)$，而方位角的值域为 $[0°, 360°)$，故需根据 Δx、Δy 的正负号来确定 1、2 边的坐标方位角值：

$$\alpha_{12} = \alpha \quad (\Delta x > 0, \Delta y > 0)$$
$$\alpha_{12} = 180° + \alpha \quad (\Delta x < 0, \Delta y > 0)$$
$$\alpha_{12} = 180° + \alpha \quad (\Delta x < 0, \Delta y < 0)$$
$$\alpha_{12} = 360° + \alpha \quad (\Delta x > 0, \Delta y < 0)$$

4.1.2 大地坐标与空间直角坐标转换

大地坐标 (B, L, H) 转为空间直角坐标 (X, Y, Z) 的数学关系式为

$$\begin{bmatrix} X \\ Y \\ Z \end{bmatrix} = \begin{bmatrix} (N+H)\cos B \cos L \\ (N+H)\cos B \sin L \\ [N(1-e^2)+H]\sin B \end{bmatrix} \quad (4.2)$$

式中：$N = \dfrac{a}{\sqrt{1-e^2\sin^2 B}}$ 为卯酉圈曲率半径；a 为椭球长半轴；e 为椭球第一偏心率。

空间直角坐标 (X, Y, Z) 转为大地坐标 (B, L, H) 的数学关系式为

$$\begin{cases} L = \arctan \dfrac{Y}{X} \\[2mm] L = \arcsin \dfrac{Y}{\sqrt{X^2 + Y^2}} \\[2mm] L = \arccos \dfrac{X}{\sqrt{X^2 + Y^2}} \\[2mm] \tan B = \dfrac{Z + Ne^2 \sin B}{\sqrt{X^2 + Y^2}} \\[2mm] H = \dfrac{\sqrt{X^2 + Y^2}}{\cos B} - N \end{cases} \tag{4.3}$$

4.1.3 大地主题正反算

采用高斯平均引数正反算公式进行计算，具体如下。

1. 大地主题正算

高斯平均引数正算公式推导的基本思想是：首先，把勒让德级数在 P_1 点展开改在大地线长度中点 M 展开，以使级数公式项数减少，收敛快，精度高；其次，考虑求定中点 M 的复杂性，将 M 点用大地线两端点平均纬度及平均方位角相对应的 m 点来代替，并借助迭代计算，实现大地主题正算。

$$\begin{aligned} \Delta B'' = (B_2 - B_1)'' = \frac{V_m^2}{N_m} \rho'' S \cdot \cos A_m \Big\{ 1 + \frac{S^2}{24N_m^2} [\sin^2 A_m (2 + 3t_m^2 + 2\eta_m^2) \\ + 3\eta_m^2 \cos^2 A_m (-1 + t_m^2 - \eta_m^2 - 4\eta_m^2 t_m^2)] \Big\} + 5\text{次项} \end{aligned} \tag{4.4}$$

$$\begin{aligned} \Delta L'' = (L_2 - L_1)'' = \frac{\rho''}{N_m} S \cdot \sec B_m \cdot \sin A_m \Big\{ 1 + \frac{S^2}{24N_m^2} [\sin^2 A_m \cdot t_m^2 \\ - \cos^2 A_m (1 + \eta_m^2 - 9\eta_m^2 t_m^2)] \Big\} + 5\text{次项} \end{aligned} \tag{4.5}$$

$$\begin{aligned} \Delta A'' = (A_{21} - A_{12})'' = \frac{\rho''}{N_m} S \cdot \sin A_m t_m \Big\{ 1 + \frac{S^2}{24N_m^2} [\cos^2 A_m (2 + 7\eta_m^2 + 9\eta_m^2 t_m^2 + 5\eta_m^4) \\ + \sin^2 A_m (2 + t_m^2 + 2\eta_m^2)] \Big\} + 5\text{次项} \end{aligned} \tag{4.6}$$

$$B_m = \frac{1}{2}(B_1 + B_2), \quad A_m = \frac{1}{2}(A_{12} + A_{21} \pm 180°) \tag{4.7}$$

$$V^2 = 1 + \eta^2 \quad \eta^2 = e'^2 \cos^2 B \quad t = \tan B \tag{4.8}$$

式中：L_1、B_1、L_2、B_2 分别为 P_1、P_2 点的大地经纬度；ρ'' 为一弧度的秒值；V 为地球椭球的基本几何参数的辅助函数；N_m 为 m 点卯酉圈曲率半径；A_{12}、A_{21} 为两点间的正、反大地方位角；A_m 为 m 点的大地方位角；S 为 P_1、P_2 点之间的大地线长度；$t = \tan B$；$\eta^2 = e'^2 \cos^2 B$。

2. 大地主题反算

大地主题反算是已知两端点的经度、纬度 L_1, B_1 及 L_2, B_2，反求两点间的大地线长度 S

及正、反大地方位角 A_{12} 和 A_{21}。这时，由于经差 ΔL、纬差 ΔB 及平均纬度 B_m 均为已知，可得反算公式为

$$\begin{cases} S \cdot \sin A_m = r_{01}\Delta L'' + r_{21}\Delta B''^2\Delta L'' + r_{03}\Delta L''^3 \\ S \cdot \cos A_m = S_{10}\Delta B'' + S_{21}\Delta B''\Delta L''^2 + S_{03}\Delta B''^3 \end{cases} \tag{4.9}$$

$$\begin{cases} r_{01} = \dfrac{N_m}{\rho''}\cos B_m, r_{21} = \dfrac{N_m}{24\rho''^3}\cos B_m(1-\eta_m^2-9\eta_m^2 t_m^2), r_{03} = \dfrac{N_m}{24\rho''^3}\cos^3 B_m\eta_m^2 t_m^2 \\ S_{10} = \dfrac{N_m}{\rho''V_m^2}, S_{12} = \dfrac{N_m}{24V_m^2\rho''^3}\cos^2 B_m(-2-3t_m^2+3\eta_m^2 t_m^2), S_{30} = \dfrac{N_m}{8V_m^6\rho''^3}(\eta_m^2-\eta_m^2 t_m^2) \end{cases} \tag{4.10}$$

$$\Delta A'' = t_{01}\Delta L'' + t_{21}\Delta B''\Delta L''^2 + t_{03}\Delta L''^3 \tag{4.11}$$

$$\begin{cases} t_{01} = t_m\cos B_m, t_{21} = \dfrac{1}{24V_m^4\rho''^2}\cos B_m t_m(2+7\eta_m^2+9t_m^2\eta_m^2+5\eta_m^4) \\ t_{03} = \dfrac{1}{24\rho''^2}\cos^3 B_m t_m(2+t_m^2+2\eta_m^2) \end{cases} \tag{4.12}$$

$$\begin{cases} S = \dfrac{S \cdot \sin A_m}{\sin A_m} = \dfrac{S \cdot \cos A_m}{\cos A_m} \\ A_{12} = A_m - \dfrac{1}{2}\Delta A'', A_{21} = A_m + \dfrac{1}{2}\Delta A'' \pm 180° \end{cases} \tag{4.13}$$

4.1.4 高斯投影正反算

1. 高斯投影正算

$$\begin{cases} x = X + \dfrac{N}{2\rho''^2}\sin B\cos B l''^2 + \dfrac{N}{24\rho''^4}\sin B\cos^3 B(5-t^2+9\eta^2)l''^4 \\ y = \dfrac{N}{\rho''}\cos B l'' + \dfrac{N}{6\rho''^3}\cos^3 B(1-t^2+\eta^2)l''^3 + \dfrac{N}{120\rho''^5}\cos^5 B(5-18t^2+t^4)l''^5 \end{cases} \tag{4.14}$$

式中：x, y 为高斯平面坐标；X 为子午线弧长；N 为子午圈曲率半径；ρ'' 为一弧度的秒值；B 为点的纬度；l'' 为点的经度减去中央子午线经度；$t = \tan B$；$\eta^2 = e'^2\cos^2 B$。

2. 高斯投影反算

$$\begin{cases} B = B_f - \dfrac{t_f}{2M_f N_f\cos B_f}y^2 + \dfrac{t_f}{24M_f N_f^3}(5+3t_f^2+\eta_f^2-9\eta_f^2 t_f^2)y^4 \\ \quad - \dfrac{1}{720N_f^5\cos B_f}(61+90t_f^2+45t_f^4)y^6 \\ L = \dfrac{1}{N_f\cos B_f}y - \dfrac{1}{6N_f^3\cos B_f}(1+2t_f^2+\eta_f^2)y^3 \\ \quad + \dfrac{1}{120N_f^5\cos B_f}(5+28t_f^2+24t_f^4+6\eta_f^2+8\eta_f^2 t_f^2)y^5 \end{cases} \tag{4.15}$$

式中：L, B 为点的大地经纬度；x, y 为高斯平面坐标；B_f 为底点纬度；$N_f = a(1-e^2\sin^2 B_f)^{-\frac{1}{2}}$；

$$M_f = a(1-e^2)(1-e^2 \sin^2 B_f)^{-\frac{3}{2}}; \quad t_f = \tan B_f; \quad \eta_f^2 = e'^2 \cos^2 B_f \; \circ$$

4.1.5 平面坐标转换

$$\begin{bmatrix} x_2 \\ y_2 \end{bmatrix} = \begin{bmatrix} \Delta x \\ \Delta y \end{bmatrix} + m \begin{bmatrix} \cos\alpha & -\sin\alpha \\ \sin\alpha & \cos\alpha \end{bmatrix} \begin{bmatrix} x_1 \\ y_1 \end{bmatrix} \tag{4.16}$$

式中：m 为尺度变化参数；Δx、Δy 为平移参数；α 为旋转参数。

4.1.6 空间直角坐标转换

$$\begin{bmatrix} X_2 \\ Y_2 \\ Z_2 \end{bmatrix} = (1+m) \begin{bmatrix} X_1 \\ Y_1 \\ Z_1 \end{bmatrix} + \begin{bmatrix} 0 & \varepsilon_Z & -\varepsilon_Y \\ -\varepsilon_Z & 0 & \varepsilon_X \\ \varepsilon_Y & -\varepsilon_X & 0 \end{bmatrix} \begin{bmatrix} X_1 \\ Y_1 \\ Z_1 \end{bmatrix} + \begin{bmatrix} \Delta X_0 \\ \Delta Y_0 \\ \Delta Z_0 \end{bmatrix} \tag{4.17}$$

式中：m 为尺度变化参数；ΔX_0、ΔY_0、ΔZ_0 为平移参数；ε_X、ε_Y、ε_Z 为旋转参数。

4.1.7 图幅号计算

6°带带号 n 及中央子午线经度 L_0 计算：
$$n = \text{Int}(L/6) + 1, \quad L_0 = 6n - 3 \tag{4.18}$$

3°带带号 m 及中央子午线经度 L_0 计算：
$$m = \text{Int}[(L-1.5)/3] + 1, \quad L_0 = 3m \tag{4.19}$$

图幅号（行号，列号）计算：
$$\text{行号} = \text{Int}\left(\frac{B_N - B}{\Delta B}\right) + 1, \quad \text{列号} = \text{Int}\left(\frac{L - L_W}{\Delta L}\right) + 1 \tag{4.20}$$

式中：L_W、B_N 分别为 1:100 万地形图图廓西北角的经度、纬度。

4.1.8 基本比例尺代码及经纬差

表 4.1 为基本比例尺代码。表 4.2 为各比例尺地形图的经纬差。

表 4.1　基本比例尺代码

项目	1:50万	1:25万	1:10万	1:5万	1:2.5万	1:1万	1:5 000
代码	B	C	D	E	F	G	H

表 4.2　各比例尺地形图的经纬差

项目		1:100万	1:50万	1:25万	1:10万	1:5万	1:2.5万	1:1万	1:5 000
图幅范围	经差	6°	3°	1°30′	30′	15′	7′30″	3′45″	1′52.5″
	纬差	4°	2°	1°	20′	10′	5′	2′30″	1′15″
行列	行数	1	2	4	12	24	48	96	192
	列数	1	2	4	12	24	48	96	192

4.2 流 程 图

4.2.1 坐标方位角

坐标方位角计算流程图如图 4.1 所示。

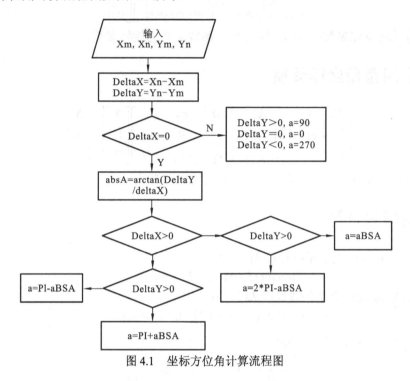

图 4.1 坐标方位角计算流程图

4.2.2 大地坐标与空间直角坐标转换

大地坐标与空间直角坐标转换流程图如图 4.2 所示。

4.2.3 大地主题正反算

大地主题正反算流程图如图 4.3 所示。

4.2.4 高斯投影正反算

高斯投影正反算流程图如图 4.4 所示。

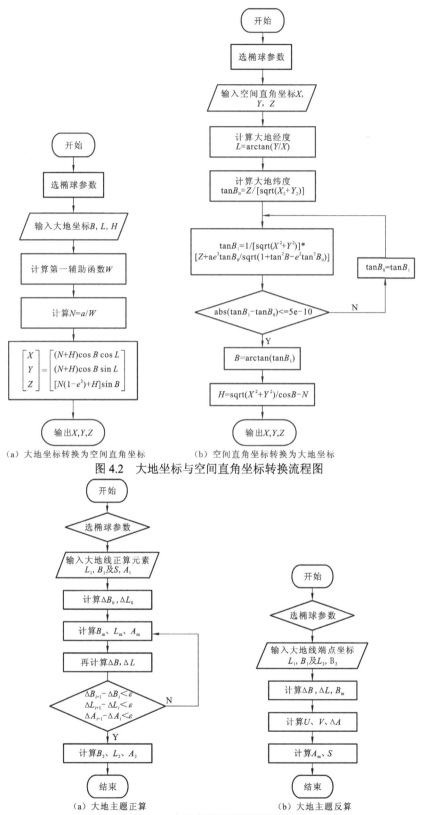

（a）大地坐标转换为空间直角坐标　　（b）空间直角坐标转换为大地坐标

图 4.2　大地坐标与空间直角坐标转换流程图

（a）大地主题正算　　　　　（b）大地主题反算

图 4.3　大地主题正反算流程图

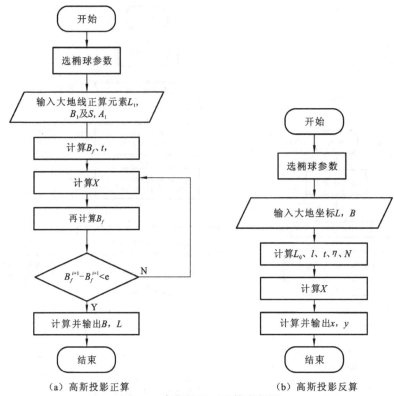

（a）高斯投影正算   （b）高斯投影反算

图 4.4　高斯投影正反算流程图

4.2.5　平面坐标转换

平面坐标转换流程图如图 4.5 所示。

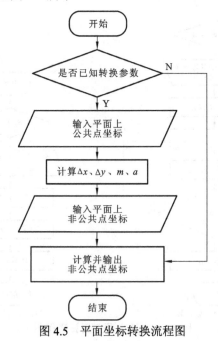

图 4.5　平面坐标转换流程图

4.2.6 空间直角坐标转换

空间直角坐标转换流程图如图4.6所示。

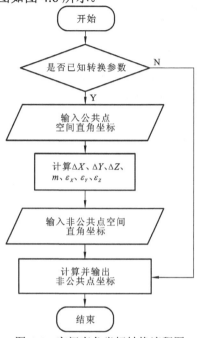

图4.6 空间直角坐标转换流程图

4.2.7 图幅号计算

图幅号计算流程图如图4.7所示。

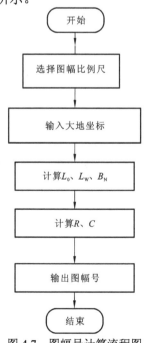

图4.7 图幅号计算流程图

4.3 主要函数设计及说明

4.3.1 坐标方位角计算

计算坐标方位角函数代码如下。

```
const double static PI=3.14159265358979323846;
double CugAzimuth(double x1,double y1,double x2,double y2)
{
    double Dx,Dy,S,T;
    Dx=x2-x1;
    Dy=y2-y1;
    S=sqrt(Dx*Dx+Dy*Dy);
    if(S<1e-380) return0.0;
    T=asin(Dy/S);
    if(Dx<0) T=PI-T;
    if(((Dx>0)&&(Dy<0))||(T<0))
        T=2*PI+T;
    return T;
}
```

4.3.2 大地坐标与空间直角坐标转换

```
//椭球类设计
class ellipsoid
{
private:
    double a,b;              //长短轴
    public:
    static enum elliType    //椭球类型
    {
        elli_Krasovsky=0,     //克拉索夫斯基椭球
        elli_1975=1           //1975 国际椭球
    };
    ellipsoid(elliType e)
    {
        if(e==elli_Krasovsky)
        {
            a=6378245;
            b=6356863.0187730473;
```

```
    }
    elseif(e==elli_1975)
    {
        a=6378140;
        b=6356755.288157528;
    }
}
double geta( )
{
    return a;
}
double getb( )
{
    return b;
}
//计算扁率函数
double flattening( )
{
    return fabs((a-b)/a);
}
//计算第一偏心率函数
double first_eccentricity( )
{
    return sqrt(fabs(a*a-b*b))/a;
}
//计算第二偏心率函数
double second_eccentricity( )
{
    return sqrt(fabs(a*a-b*b))/b;
}
//第一辅助函数W
double getW(double radB)
{
    double e=first_eccentricity( );
    return sqrt(1-e*e*sin(radB)*sin(radB));
}
//第二辅助函数V
double getV(double radB)
{
    double e2=second_eccentricity( );
```

```cpp
        return sqrt(1-pow(e2,2)*pow(cos(radB),2));
    }
    //子午圈半径
    double getM(double radB)
    {
        double c=a*a/b;
        return c/pow(getV(radB),3);
    }
    //卯酉圈半径
    double getN(double radB)
    {
        double c=a*a/b;
        return c/getV(radB);
    }
};
//大地坐标转空间直角坐标函数
Matrix cug_lbh2xyz(double degL,double degB,double H,ellipsoid::elliType
eType)
{
    Matrixxyz(3,1);                    //坐标存储在[X,Y,Z]T的向量里
    ellipsoid elli(eType);
    double radL=cug_deg2rad(degL);
    double radB=cug_deg2rad(degB);
    double w=elli.getW(radB);
    double N=elli.geta( )/w;
    double e=elli.first_eccentricity( );          //第一偏心率
    xyz(0,0)=(N+H)*cos(radB)*cos(radL);
    xyz(1,0)=(N+H)*cos(radB)*sin(radL);
    xyz(2,0)=(N*(1-e*e)+H)*sin(radB);
    return xyz;
}
//空间直角坐标转大地坐标函数
Matrixcug_xyz2lbh(double X,double Y,double Z,ellipsoid::elliType eType)
{
    Matrix LBH(3,1);                              //[degL,degB,H]T
    ellipsoid elli(eType);
    double e=elli.first_eccentricity( );
    double radB_;                                 //B的近似值
    double radb;
    double N_;
```

```
double N;
LBH(0,0)=cug_rad2deg(atan2(Y,X));
radB_=atan(Z/sqrt(pow(X,2)+pow(Y,2)));
N_=elli.geta( )/elli.getW(radB_);
radb=atan(Z+N_*pow(e,2)*sin(radB_)/sqrt(pow(X,2)+pow(Y,2)));
while(fabs(radb-radB_)>10E-10)
{
    radB_=radb;
    N_=elli.geta( )/elli.getW(radB_);
    radb=atan((Z+N_*pow(e,2)*sin(radB_))/sqrt(pow(X,2)+pow(Y,2)));
}
LBH(1,0)=cug_rad2deg(radb);
N=elli.geta( )/elli.getW(radb);
LBH(2,0)=sqrt(pow(X,2)+pow(Y,2))/cos(cug_deg2rad(LBH(1,0)))-N;
return LBH;
}
```

4.3.3 大地主题正反算

大地主题计算正算函数代码如下。

```
Matrixcug_ForwardSoluGeoProblem(double degL1,double degB1,double S,double
degA12,ellipsoid::elliType eType)
{
    Matrixres(3,1);      //[L2,B2,A21]
    ellipsoid elli(eType);
    double L1=cug_deg2rad(degL1);
    double B1=cug_deg2rad(degB1);
    double A12=cug_deg2rad(degA12);
    double E=elli.first_eccentricity( );
    //计算起点的归化纬度
    double W1=elli.getW(B1);
    double sinu1=sin(B1)*sqrt(1-E*E)/W1;
    double cosu1=cos(B1)/W1;
    //计算辅助函数值
    double sinA1=sin(A12);
    double sinA0=cosu1*sin(A12);
    double cota1=cosu1*cos(A12)/sinu1;
    double sin2a1=2*cota1/(cota1*cota1+1);
    double cos2a1=(cota1*cota1-1)/(cota1*cota1+1);
    //计算系数 ABC 及 alpha,beta
```

```
double cosA0A0=1-sinA0*sinA0;
double A,B,C,alpha,beta;
//克拉索夫斯基椭球
if(eType==ellipsoid::elliType::elli_Krasovsky)
{
    A=6356863.020+(10708.949-(13.474*cosA0A0))*cosA0A0;
    B=(5354.469-8.978*cosA0A0)*cosA0A0;
    C=(2.238*(cosA0A0))*cosA0A0+0.006;
    alpha=(33523299.0-(28189.0-70.0*cosA0A0)*cosA0A0)*(1.0e-10);
    beta=(0.2907-0.0010*cosA0A0)*cosA0A0;
}
elseif(eType==ellipsoid::elliType::elli_1975)                 //1975国际椭球
{
    A=6356755.288+(10710.341-(13.534*cosA0A0))*cosA0A0;
    B=(5355.171-9.023*cosA0A0)*cosA0A0;
    C=(2.256*(cosA0A0))*cosA0A0+0.006;
    alpha=(33528130.0-(28190.0-70.0*cosA0A0)*cosA0A0)*(1.0e-10);
    beta=(14095.0-46.7*cosA0A0)*cosA0A0*(1.0e-10);
}
//计算球面长度
double a0=(S-(B+C*cos2a1)*sin2a1)/A;
double m=sin2a1*cos(2*a0)+cos2a1*sin(2*a0);
double n=(cos2a1)*(cos(2*a0))-(sin2a1)*(sin(2*a0));
double a=a0+(B+5*C*n)*m/A;
//计算经度差改正数
double Q=(alpha*a+beta*(m-sin2a1))*sinA0;
//计算终点大地坐标及大地方位角
double sinu2=sinu1*cos(a)+cosu1*cos(A12)*sin(a);
double B2=cug_rad2deg(atan(sinu2/((sqrt(1-E*E))*(sqrt(1-sinu2*sinu2)))));
double lambda=atan(sin(A12)*sin(a)/(cosu1*cos(a)-sinu1*sin(a)*cos(A12)));
double m_z_b2=B2;
//确定R的值
if(sin(A12)>0&&tan(lambda)>0)
    lambda=abs(lambda);
elseif(sin(A12)>0&&tan(lambda)<0)
    lambda=PI-abs(lambda);
elseif(sin(A12)<0&&tan(lambda)<0)
    lambda=-abs(lambda);
else
    lambda=abs(lambda)-PI;
```

```
//确定 L2、A21 的值
double L2=cug_rad2deg(L1+lambda-Q);
double A21=atan(cosu1*sin(A12)/(cosu1*cos(a)*cos(A12)-sinu1*sin(a)));
if(sin(A12)<0&&tan(A21)>0)
    A21=(fabs(A21))*180/PI;
elseif(sin(A12)<0&&tan(A21)<0)
    A21=(PI-fabs(A21))*180/PI;
elseif(sin(A12)>0&&tan(A21)>0)
    A21=(PI+fabs(A21))*180/PI;
else
    A21=(2*PI-fabs(A21))*180/PI;
res(0,0)=L2;
res(1,0)=B2;
res(2,0)=A21;
return res;
}
```

大地主题计算反算函数代码如下。

```
Matrixcug_InverseSoluGeoProblem(double  degL1,double  degB1,doubledegL2,double
degB2, ellipsoid::elliType eType)
{
    Matrixres(3,1);              //[S,A1,A2]
    ellipsoid elli(eType);
    double R,Q,x,y,sinp,cosp,p,sinA0,cosA0,z,m,n,q,A,B,C,Y;
    double A12,A21,S;
    Q=0;
    q=0;
    double L1=cug_deg2rad(degL1);
    double B1=cug_deg2rad(degB1);
    double L2=cug_deg2rad(degL2);
    double B2=cug_deg2rad(degB2);
    //辅助计算
    double ee=pow(elli.first_eccentricity( ),2);
    double W1=elli.getW(B1);
    double W2=elli.getW(B2);
    double sinu1=sin(B1)*(sqrt(1-ee))/W1;
    double sinu2=sin(B2)*(sqrt(1-ee))/W2;
    double cosu1=cos(B1)/W1;
    double cosu2=cos(B2)/W2;
    double L=L2-L1;
    double a1=sinu1*sinu2;
```

```
double a2=cosu1*cosu2;
double b1=cosu1*sinu2;
double b2=sinu1*cosu2;
//逐次趋近法计算起点大地方位角、球面长度及经差
do
{
    R=L+Q;
    x=cosu2*sin(R);
    y=b1-b2*cos(R);
    A12=atan(x/y);
    if(x>0&&y>0)
        A12=fabs(A12);
    elseif(x>0&&y<0)
        A12=PI-fabs(A12);
    elseif(x<0&&y<0)
        A12=PI+fabs(A12);
    else
        A12=2*PI-fabs(A12);
    sinp=x*sin(A12)+y*cos(A12);
    cosp=a1+a2*cos(R);
    p=atan(sinp/cosp);
    if(cosp>0)
        p=fabs(p);
    else
        p=PI-fabs(p);
    sinA0=cosu1*sin(A12);
    cosA0=sqrt(1-sinA0*sinA0);
    //    p=I-fabs(p);
    z=2*a1-cosA0*cosA0*cos(p);
    m=(33523299-(28189-70*cosA0*cosA0)*cosA0*cosA0)*(1e-10);
    n=(28189-94*cosA0*cosA0)*(1e-10);
    Q=q;
    q=(m*p-n*z*sin(p))*sinA0;
}while(fabs(606265*(q-Q))>(1e-4));                    //206265
//计算系数ABC及大地线长度
if(eType==ellipsoid::elliType::elli_Krasovsky)        //克拉索夫斯基椭球
{
    A=6356863.020+(10708.949-13.474*cosA0*cosA0)*cosA0*cosA0;//克拉索夫斯基
    B=10708.938-17.956*cosA0*cosA0;
    C=4.487;
```

```
    }
    elseif(eType==ellipsoid::elliType::elli_1975)       //1975 国际椭球
    {
        A=6356755.288+(10710.341-13.534*cosA0*cosA0)*cosA0*cosA0;//克拉索夫斯基
        B=10710.342-18.046*cosA0*cosA0;
        C=4.512;
    }
    Y=(cosA0*cosA0*cosA0*cosA0-2*z*z)*cos(p);
    S=A*p+(B*z+C*Y)*sin(p);
    //计算反方位角
    A21=atan((cosu1*sin(R))/(b1*cos(R)-b2));
    A21=A21*180/PI;
    A12=A12*180/PI;
    if(A12>180)
        A21=abs(A21);
    else
        A21=180+abs(A21);
    res(0,0)=S;
    res(1,0)=A12;
    res(2,0)=A21;
    return res;
}
```

4.3.4 高斯投影正反算

高斯投影正算代码如下。

```
Matrixcug_ForwardSoluGuassProj(double degL,double degB,ellipsoid::elliType e)
{
    Matrixres(2,1);                        //[X,Y]
    const double Rho=206265;               //单位：秒
    Int n;                                 //带号
    Int degL0;
    double l,N,a0,a3,a4,a5,a6;
    double radL=cug_deg2rad(degL);
    double radB=cug_deg2rad(degB);
    double cosBB=cos(radB)*cos(radB);
    //6 度带
    if((int)degL%6==0)
    {
        n=floor(degL/6);
```

```
        }
        else
        {
            n=floor(degL/6)+1;
        }
        degL0=n*6-3;
        l=(degL-degL0)*3600/Rho;
        //l=cug_deg2rad(degL-degL0);
        //克拉索夫斯基椭球
        if(e==ellipsoid::elliType::elli_Krasovsky)
        {
            //参数
            N=6399698.902-(21562.267-(108.973-0.612*cosBB)*cosBB)*cosBB;
            a0=32140.404-(135.3302-(0.7092-0.0040*cosBB)*cosBB)*cosBB;
            a4=(0.25+0.00252*cosBB)*cosBB-0.04166;
            a6=(0.166*cosBB-0.084)*cosBB;
            a3=(0.3333333+0.001123*cosBB)*cosBB-0.1666667;
            a5=0.0083-(0.1667-(0.1968+0.0040*cosBB)*cosBB)*cosBB;
            //计算[x,y]
            res(0,0)=6367558.4969*radB-(a0-(0.5+(a4+a6*l*l)*l*l)*l*l*N)
            *sin(radB)*cos(radB);
            res(1,0)=(1+(a3+a5*l*l)*l*l)*l*N*cos(radB);
        }
        elseif(e==ellipsoid::elliType::elli_1975)
        {
            //参数
            N=6399596.652-(21565.045-(108.996-0.603*cosBB)*cosBB)*cosBB;
            a0=32144.5189-(135.3646-(0.7034-0.0041*cosBB)*cosBB)*cosBB;
            a4=(0.25+0.00253*cosBB)*cosBB-0.04167;
            a6=(0.167*cosBB-0.083)*cosBB;
            a3=(0.3333333+0.001123*cosBB)-0.1666667;
            a5=0.00878-(0.1702-0.20382*cosBB)*cosBB;
            //计算[x,y]
            res(0,0)=6367452.1328*radB-(a0-(0.5+(a4+a6*l*l)*l*l)*l*l*N)
            *sin(radB)*cos(radB);
            res(1,0)=(1+(a3+a5*l*l)*l*l)*l*N*cos(radB);
        }
        return res;
    }
```

高斯投影反算函数代码如下。

```
Matrixcug_InverseSoluGuassProj(double x,double y,double degL0,ellipsoid::elliType e)
{
    const double Rho=206265;
    Matrixres(3,1);                      //[B,L,l]
    //参数
    double beta,Bf,Z,Nf,b2,b3,b4,b5;
    double cosBeta2,cosBf2;
    if(e==ellipsoid::elliType::elli_Krasovsky)
    {
        beta=x/6367558.4969;         //弧度
        cosBeta2=cos(beta)*cos(beta);

    Bf=beta+(50221746+(293622+(2350+22*cosBeta2)*cosBeta2)*cosBeta2)*1e-10*
sin(beta)*cos(beta);                      //弧度
        cosBf2=cos(Bf)*cos(Bf);
        Nf=6399698.902-(21562.267-(108.973-0.612*cosBf2)*cosBf2)*cosBf2;
        Z=y/(Nf*cos(Bf));
        b2=(0.5+0.003369*cosBf2)*sin(Bf)*cos(Bf);
        b3=0.333333-(0.166667-0.001123*cosBf2)*cosBf2;
        b4=0.25+(0.16161+0.00562*cosBf2)*cosBf2;
        b5=0.2-(0.1667-0.0088*cosBf2)*cosBf2;
        //计算[B,L,l]
        res(0,0)=(Bf*Rho-(1-(b4-0.12*Z*Z)*Z*Z)*Z*Z*b2*Rho)/3600;    //度
        res(2,0)=(1-(b3-b5*Z*Z)*Z*Z)*Z*Rho/3600;                     //度
        res(1,0)=degL0+res(2,0);
    }
    elseif(e==ellipsoid::elliType::elli_1975)
    {
        beta=x/6367452.133;                                      //弧度
        cosBeta2=cos(beta)*cos(beta);

    Bf=beta+(50228976+(293697+(2383+22*cosBeta2)*cosBeta2)*cosBeta2)*1e-10*
sin(beta)*cos(beta);                                            //弧度
        cosBf2=cos(Bf)*cos(Bf);
        Nf=6399596.652-(21565.047-(109.003-0.612*cosBf2)*cosBf2)*cosBf2;
        Z=y/(Nf*cos(Bf));
        b2=(0.5+0.00336975*cosBf2)*sin(Bf)*cos(Bf);
        b3=0.333333-(0.1666667-0.001123*cosBf2)*cosBf2;
        b4=0.25+(0.161612+0.005617*cosBf2)*cosBf2;
```

```
            b5=0.2-(0.16667-0.00878*cosBf2)*cosBf2;
            //计算[B,L,1]
            res(0,0)=(Bf*Rho-(1-(b4-0.147*Z*Z)*Z*Z)*Z*Z*b2*Rho)/3600;    //度
            res(2,0)=(1-(b3-b5*Z*Z)*Z*Z)*Z*Rho/3600;                     //度
            res(1,0)=degL0+res(2,0);
        }
        return res;
}
```

4.3.5 平面坐标转换

平面坐标转换函数代码如下。

```
Matrixcug_Tranformation2D(Matrix& X1,Matrix& R,Matrix& dX,double m)
{
        Matrix res=(1+m)*R*X1+dX;
        return res;
}
//degAlpha:旋转参数,逆时针旋转为正
Matrixcug_Tranformation2D(Matrix& X1,double degAlpha,Matrix& dX,double m)
{
        MatrixR(2,2);
        double radAlpha=cug_deg2rad(degAlpha);
        R.set(0,0,cos(radAlpha));
        R.set(0,1,sin(radAlpha));
        R.set(1,0,-sin(radAlpha));
        R.set(1,1,cos(radAlpha));
        return cug_Tranformation2D(X1,R,dX,m);
}
```

4.3.6 空间直角坐标转换

空间直角坐标转换函数代码如下。

```
Matrixcug_Tranformation3D(Matrix& X1,Matrix& R,Matrix& dX,double m)
{
        Matrixres=(1+m)*R*X1+dX;
        return res;
}
//   degRx:绕X轴旋转角度
Matrixcug_Tranformation3D(Matrix& X1,double degRx,double degRy,double degRz,
```

```
Matrix& dX,double m)
    {
        MatrixR(3,3);
        double Rx=cug_deg2rad(degRx);
        double Ry=cug_deg2rad(degRy);
        double Rz=cug_deg2rad(degRz);
        R(0,0)=1;
        R(0,1)=Rz;
        R(0,2)=-Ry;
        R(1,0)=-Rz;
        R(1,1)=1;
        R(1,2)=Rx;
        R(2,0)=Ry;
        R(2,1)=-Rx;
        R(2,2)=1;
        Matrixres=(1+m)*R*X1+dX;
        return res;
    }
```

4.3.7 图幅号计算

图幅号计算函数代码如下。

```
//定义比例尺
    static enum scale
    {
        _1_1000000=0,                    //1∶100万
        _1_500000=1,
        _1_250000=2,
        _1_100000=3,
        _1_50000=4,
        _1_25000=5,
        _1_10000=6,
        _1_5000=7
    };
    string cug_MapNumbering(double degL,double degB,scale s)
    {
    //单位: 度
    double detlon[8]={6.0,3.0,1.5,0.5,0.25,0.125,0.0625,0.03125};
    double detlat[8]={4.0,2.0,1.0,1.0/3.0,1.0/6.0,1.0/12.0,1.0/24.0,1.0/48.0};
    string sa,sc,sb,sd,sscale,sresult;
```

```
        char ctemp;
        int a,b,c,d;
        double dlat,dlon;
        dlat=detlat[s];
        dlon=detlon[s];
        a=int(degB/4.0)+1;
        b=int(degL/6.0)+31;
        c=4.0/dlat-int((degB-int(degB/4.0)*4)/dlat);
        d=int((degL-int(degL/6.0)*6.0)/dlon)+1;
            ctemp='A'+a-1;
        sa=ctemp;
        if(b<10)
            sb="0"+to_string(b);
        else
            sb=""+to_string(b);
        ctemp='A'+s;
        sscale=ctemp;
        if(c<10)
            sc="00"+to_string(c);
        elseif(c<100)
            sc="0"+to_string(c);
        else
            sc=""+to_string(c);
        if(d<10)
            sd="00"+to_string(d);
        elseif(d<100)
            sd="0"+to_string(d);
        else
            sd=""+to_string(d);
        if(s>0)
            sresult=sa+sb+sscale+sc+sd;
        else
            sresult=sa+sb;
        return sresult;
    }
```

4.4 示　　例

4.4.1 坐标方位角计算

给定平面两点 A(13 456.789, 6 543.012)与 B(876.234, 9 872.356)，求直线 AB 的方位角为

多少?

调试与结果如下。

```
void main( )
{
    doublefwj=CugAzimuth (13456.789, 6543.012, 876.234, 9872.356);
        fwj=CugRadianToDms (fwj);
}
```

运行得到结果为：171°36′45.256″。

4.4.2   大地坐标与空间直角坐标转换

大地坐标转为空间直角坐标：

(130.452 000°, 30.452 000°, 145.213 000 m)在克拉索夫斯基椭球下的空间直角坐标是什么？

空间直角坐标转为大地坐标：

(-3 570 567.885 394 m, 4 187 696.797 217 m, 3 213 799.141 400 m)在克拉索夫斯基椭球下的大地坐标是什么？

运行得到结果如图 4.8 所示。

```
█ Microsoft Visual Studio 调试控制台
空间直角坐标:    X=-3570567.885394米   Y=4187696.797217米   Z=3213799.141400米    椭球: 克拉索夫斯基
转换为大地坐标:  L=130.452000      度  B=30.452000       度  H=145.213000      米


大地坐标:        L=130.452000      度  B=30.452000       度  H=145.213000      米    椭球: 克拉索夫斯基
转换直角坐标:    X=-3570567.885394米   Y=4187696.797217米   Z=3213799.141400米
```

图 4.8   大地坐标与空间直角坐标转换运行结果

4.4.3   大地主题正反算

正算：L_1=114.333 333°，B_1=30.500 000°，S=10 000 000.000 000 m，A_{12}=225.000 000°，在 1975 国际椭球下，求 L_2，B_2，A_{21}。

反算：L_1=114.333 333°，B_1=30.500 000°，L_2=51.280 000°，B_2=-37.730 000，在 1975 国际椭球下，求 S，A_{12}，A_{21}。

结果：

正算：L_2=51.274 237°，B_2=-37.729 916°，A_{21}=50.357 164°。

反算：S=9 987 160.796 781 m，A_{12}=224.903 859°，A_{21}=50.241 247°。

运行得到结果如图 4.9 所示。

```
█ Microsoft Visual Studio 调试控制台
大地主题正算:
        参 数: L1=114.333333    度  B1=30.500000     度  S=10000000.000000米  A12=225.000000     度  椭球=1975国际椭球
        结果: L2=51.274237      度  B2=-37.729916    度  A21=50.357164    度
大地主题反算:
        参 数: L1=114.333333    度  B1=30.500000     度  L2=51.280000     度  B2=-37.730000      度  椭球=1975国际椭球
        结果: S=9987160.796781  米  A12=224.903859   度  A21=50.241247    度
```

图 4.9   大地主题解算运行结果

4.4.4 高斯投影正反算

正算：L=114.333 333°，B=30.500 000°，在克拉索夫斯基椭球下，求 X，Y。

反算：X=3 380 330.875 000 m，Y=320 089.970 000 m，L_0=111.000 000°，在克拉索夫斯基椭球下，求 L，B，l。

结果：

正算：X=3 380 330.764 176 m，Y=320 089.668 469。

反算：B=30.500 030°，L=114.333 337°，l=3.333 337°。

运行得到结果如图 4.10 所示。

Microsoft Visual Studio 调试控制台

```
高斯投影正算:
        参数：L=114.333333    度   B=30.500000    度   椭球:克拉索夫斯基
        结果：X=3380330.764176米   Y=320089.668469  米
高斯投影反算:
        参数：x=3380330.875000米   y=320089.970000 米  L0=111.000000   度  椭球:克拉索夫斯基
        结果：B=30.500030    度   L=114.333337  度   l=3.333337    度
```

图 4.10　高斯投影正反算运行结果

4.4.5 平面坐标转换

原始坐标为(145.125, 324.145) m，坐标系顺时针旋转 90°，缩放系数为 0，求变换后的坐标。

结果：

变换后的坐标为(324.145, -145.125) m。

运行得到结果如图 4.11 所示。

Microsoft Visual Studio 调试控制台

```
平面坐标转换:
        参数：原始坐标=(145.125, 324.145)米   旋转角=90度   缩放系数=0
        结果：新坐标 = (324.145, -145.125)米
```

图 4.11　平面坐标转换运行结果

4.4.6 空间直角坐标转换

原始坐标为(145.125, 324.145, 41.23) m，坐标系分别绕 x、y、z 旋转 3.12°、2.18°、0.14°，且缩放系数为 0，求变换后的坐标。

结果：

变换后的坐标为(144.348, 326.036, 29.100 7) m。

运行得到结果如图 4.12 所示。

空间直角坐标转换：

参数：原始坐标=(145.125, 324.145, 41.23)米 旋转角=3.12, 2.18, 0.14度 缩放系数=0
结果：新坐标 = (144.348, 326.036, 29.1007)米

图 4.12　空间直角坐标转换运行结果

4.4.7　换带计算

（1）求在 1∶10 000 比例尺下，经度 1 043.317°，纬度 28.9° 的点所在的图幅号。

结果：

在 1∶10 000 比例尺下，经度 104.317°，纬度 28.9° 的点所在的图幅号是 H48G075038。

运行得到结果如图 4.13 所示。

计算分幅号：

参数：L=104.317度　B=28.9度　比例尺=1:10000
结果：H48G075038

图 4.13　换带计算运行结果

（2）某控制点 P 点 $L = 122°32'50.12''$，$B = 30°15'25.48''$，求其 3° 带和 6° 带的带号及其中央经线经度。

结果：

6° 带：$n = \text{Int}(L/6)+1 = \text{Int}(122.5/6)+1 = 21$。

$L_0 = 6 \times 21 - 3 = 123°$。

3° 带：$m = \text{Int}[(L-1.5)/3]+1 = \text{Int}[(122.5-1.5)/3]+1 = 41$。

$L_0 = 3m = 2 \times 41 = 82°$。

第5章 水准网平差

水准网是由多条水准路线组成的比较简单的测量控制网,通过对水准网进行编程计算,能够熟悉测量平差程序设计过程中的观测数据的组织与输入、误差方程式的组成、平差计算及精度评定等,从而为复杂的控制网的编程计算打下基础。

5.1 数 学 模 型

5.1.1 误差方程式

设水准网的总点数为 m,各点高程的平差值用 x_0,x_1,$\cdots$,x_{m-1} 表示,网中共有 n 段观测高差 h_0,h_1,$\cdots$,h_{n-1},以观测高程的平差值为未知数,高差误差方程的一般形式为

$$v_k = x_i - x_j - h_k \quad (k = 0,1,2\cdots,n-1) \tag{5.1}$$

式中:h_k 为第 k 段的观测高差;v_k 为该段观测值的平差改正数,也称残差;i,j 为该段高差两端点的编号(即点号);x_i、x_j 分别为该段观测高差起点和终点的高差平差值,即平差中的未知数。实际平差时还要引入参数近似值,设 x_i^0、x_j^0 为 x_i、x_j 的近似值,δ_{x_i}、δ_{x_j} 为平差值与近似值的差,也叫改正数,即 $x_i = x_i^0 + \delta_{x_i}$,将 $x_j = x_j^0 + \delta_{x_j}$ 代入式(5.1),得

$$v_k = \delta_{x_i} - \delta_{x_j} + l_k \tag{5.2}$$

$$l_k = x_i^0 - x_j^0 - h_k \tag{5.3}$$

设 $X = [x_0 \ x_1 \ \cdots \ x_{m-1}]^T$ 为高程平差值向量,将式(5.1)写成矩阵形式为

$$v_k = [0 \ \cdots \ 0 \ -1 \ 0 \ \cdots \ 0 \ 1 \ 0 \ \cdots \ 0] \begin{bmatrix} x_0 \\ x_1 \\ \vdots \\ x_{m-1} \end{bmatrix} - h_k \tag{5.4}$$

式中:系数向量各元素除第 i 个元素为-1、第 j 个元素为 1 外,其余的值均为 0。令

$$A_k = [0 \ \cdots \ 0 \ -1 \ 0 \ \cdots \ 0 \ 1 \ 0 \ \cdots \ 0] \tag{5.5}$$

式(5.1)又可表示为

$$v_k = A_k X - h_k \tag{5.6}$$

于是,全网的误差方程为

$$V = AX - h \tag{5.7}$$

式中

$$V = \begin{bmatrix} v_0 \\ v_1 \\ \vdots \\ v_{n-1} \end{bmatrix} \quad A = \begin{bmatrix} A_0 \\ A_1 \\ \vdots \\ A_{n-1} \end{bmatrix} \quad h = \begin{bmatrix} h_0 \\ h_1 \\ \vdots \\ h_{n-1} \end{bmatrix} \tag{5.8}$$

设高程平差值 X 的近似值向量为 $X^0 = [x_0^0 x_1^0 \cdots x_{m-1}^0]^T$，改正数向量为 $\delta X = [\delta_{x_0} \delta_{x_1} \cdots \delta_{x_{m-1}}]^T$，$X = X^0 + \delta X$，代入式（5.7），得

$$\begin{cases} V = A\delta X + l \\ l = AX^0 - h \end{cases} \tag{5.9}$$

式中：l 为误差方程常数项向量，平差过程中，l 是已知向量；δX 和 V 是平差的待求量。引入参数近似值之后，平差的未知数由高程转化为高程的改正数。

5.1.2 观测权

水准观测高差的精度与观测等级和高差的路线长度有关。假设网中有 r 个观测等级，K_1，K_2，$\cdots$，K_r 分别为各等级的每千米观测高差的中误差，观测值 h_k 的中误差为

$$m_{h_k} = K_j \sqrt{s_k} \tag{5.10}$$

式中：K_j 为 h_k 所属等级的每千米观测高差的中误差；s_k 为观测值 h_k 的路线长度。根据权的定义，设 μ 为单位权中误差，观测值的权为

$$P_k = \frac{\mu^2}{K_j^2 s_k}, \quad k = 0,1,2,\cdots,n-1 \tag{5.11}$$

式（5.11）为水准网平差定权的一般公式。在通常进行的水准网平差中，大多仅有一种等级的观测值，即 $K_1 = K_2 = \cdots = K_r = K$，取 $s_0 = \dfrac{\mu^2}{s_k}$，则

$$P_k = \frac{s_0}{s_k}, \quad k = 0,1,2,\cdots,n-1 \tag{5.12}$$

式中：s_0 为选定的某一正数。

本章的平差程序假定全部观测值的等级相同，即按式（5.12）确定每个观测值的权。为了定权，除需要知道观测高差外，还要知道每段高差对应的路线长度。

设观测值之间独立，观测值（向量）的权矩阵为

$$P = \begin{bmatrix} P_0 & & & \\ & P_1 & & \\ & & \ddots & \\ & & & P_{n-1} \end{bmatrix} \tag{5.13}$$

为了节省存储量，程序中权数组只保存权矩阵 P 的对角线元素。

5.1.3 法方程

根据最小二乘原理，由误差方程组成法方程为

$$A^T P A \delta X + A^T P l = 0 \tag{5.14}$$

考虑式（5.14）中 P 是对角阵，可知

$$A^T P A = A_0^T p_0 A_0 + A_1^T p_1 A_1 + \cdots + A_{n-1}^T p_{n-1} A_{n-1} \tag{5.15}$$

$$A^T P l = A_0^T p_0 l_0 + A_1^T p_1 l_1 + \cdots + A_{n-1}^T p_{n-1} l_{n-1} \tag{5.16}$$

假如法方程系数矩阵可逆，可得

$$\delta X = -(A^T P A)^{-1} A^T P l \tag{5.17}$$

$$X = X^0 + \delta X \qquad (5.18)$$

5.1.4 精度评定

单位权中误差为

$$\sigma_0 = \pm\sqrt{\frac{[V^{\mathrm{T}}PV]}{n-t}} \qquad (5.19)$$

式中：n 为观测值总数；t 为未知点总数；P 为观测值的权；V 为残差。

高程平差值的权逆阵为

$$Q_x = A^{\mathrm{T}}PA^{-1} \qquad (5.20)$$

第 k 号点高程平差值的中误差为

$$m_{h_k} = \sigma_0\sqrt{q_{kk}} \qquad (5.21)$$

i、j 两点间高差平差值的中误差为

$$m_{h_{ij}} = \sigma_0\sqrt{q_{ii} + q_{jj} - 2q_{ij}} \qquad (5.22)$$

式（5.21）和式（5.22）中：q_{kk}，q_{ii}，q_{jj}，q_{ij} 均为式（5.20）中权逆阵 Q_x 的元素。

5.1.5 水准网间接平差计算步骤

水准网间接平差计算步骤如下。

（1）从文件读取已知高程和观测数据。

（2）计算未知点近似高程。

（3）利用式（5.4）组成法方程，生成系数阵和常数项 A、l。

（4）法方程系数阵求逆。

（5）利用式（5.17）和式（5.18）计算高程平差值。

（6）利用式（5.9）和式（5.19）计算残差 V 及单位权中误差。

（7）计算并输出最后成果（高程平差值、高差平差值及它们的中误差）。

水准网间接平差流程图如图 5.1 所示。

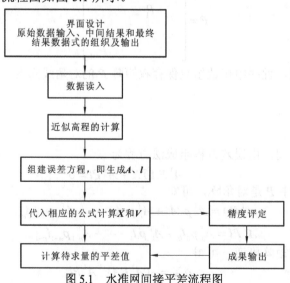

图 5.1 水准网间接平差流程图

5.2 水准网平差类设计

5.2.1 类设计

```
class CugHeightAdjust: public CugControlNet,CugAdjust
{
public:
    CugHeightAdjust( );
    ~CugHeightAdjust( );
int Read（const char* fileName）;              //读取数据
int ComputeCoordinate( );                     //计算近似高程
int BuildErrorEquation( );                    //组成误差方程
void cal_dH( );                               //高程平差值计算
double cal_V( );                              //残差计算
void FreeNetAdjust( );                        //自由网平差
void FindShortPath(int p,int exclude,int neighbor[],double diff[],double S[]);
                                              //搜索最短路径
void LineClosure( );                          //路线闭合差计算
void LoopClsoure( );                          //环闭合差计算
    void Destroy( );
protected:
    long HeightValCount;                      //高差观测数
    CugHeightVal*  pHeightVal;                //高差观测值数组
}
```

5.2.2 成员函数

在类定义中，每个成员函数都有相应的注释，通过注释可大概了解各函数的基本功能，详细的设计思路将在随后的各节讨论，并给出函数的源代码。这里仅对构造函数、Destroy 函数和析构函数加以说明。

（1）构造函数。构造函数仅有两个语句，将类成员变量 HeightValCount（高差观测数）和 pHeightVal（高差观测值数组）预设为 0。函数的源代码如下。

```
CugHeightAdjust::CugHeightAdjust( )
{
    HeightValCount=0;
    pHeightVal=NULL;
}
```

（2）Destroy 函数。Destroy 函数用来释放占用的动态内存。函数的源代码如下。

```
void CugHeightAdjust::Destroy( )
```

```
{
    CugControlNet::Destroy( );
    CugAdjust::Destroy( );

    if(HeightValCount>0 && !pHeightVal)
        delete[] pHeightVal;

    HeightValCount=0;
    pHeightVal=NULL;
}
```

（3）析构函数。析构函数在类对象销毁前被调用，释放占用的动态内存。函数的实体如下。

```
CugHeightAdjust::~CugHeightAdjust( )
{
    Destroy( );
}
```

5.3　数据文件格式及存储

5.3.1　数据文件格式

水准网平差所需的已知数据和观测数据全部从数据文件中读取，本小节介绍原始数据文件的内容与格式。需要说明的是，原始数据文件格式的设计并没有一个严格的、统一的标准，在方便数据准备、方便程序设计的前提下，程序设计者可以自由设计数据文件的格式。但是格式设计应该与程序中数据输入函数相一致，否则就不能正常读取数据。

水准网原始数据文件的内容一般分为网的概况数据、已知数据、观测数据三类。

网的概况数据包括总点数、已知点数、观测值总数、验前单位权中误差。

已知数据包括已知点名、已知高程值。

观测数据包括高差起点点名、高差终点点名、观测高差值、路线长度。

下面结合实例说明原始数据文件的具体格式。

图 5.2 为一水准网的略图。A、B 为已知点，$P1$、$P2$、$P3$ 为未知点，共有 7 段观测高差，每千米高差中误差为±0.001 m，数据见表 5.1 和表 5.2。

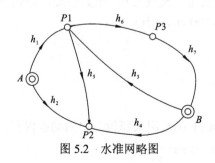

图 5.2　水准网略图

表 5.1 已知高程

已知点	高程/m
A	5.160
B	6.016

表 5.2 观测高差

序号	起点	终点	高差/m	路线长度/km	序号	起点	终点	高差/m	路线长度/km
1	A	P1	1.359	1.1	5	P1	P2	0.657	2.4
2	A	P2	2.009	1.7	6	P1	P3	0.238	1.4
3	B	P1	0.363	2.3	7	P3	B	−0.595	2.6
4	B	P2	1.012	2.7					

对上述数据进行水准网平差，数据文件的格式见表 5.3。

表 5.3 数据文件格式

7	5	2	0.001
A	5.160		
B	6.016		
A	P1	1.359	1.1
A	P2	2.009	1.7
B	P1	0.363	2.3
B	P2	1.012	2.7
P1	P2	0.657	2.4
P1	P3	0.238	1.4
P3	B	−0.595	2.6

对表 5.3 的说明如下。

（1）第 1 行称为网的概况信息，分别为观测值总数、总点数、已知点数、验前单位权中误差。验前单位权中误差即观测高差的每千米高差中误差，以米为单位，这是闭合差检验和粗差探测必需的数据。

（2）第 2 行、第 3 行是已知点名及点名对应的已知高程值，高程值以米为单位。

（3）第 4～10 行为观测高差，每行的内容为高差起始点点名、高差终点点名、观测高差值和路线长度，高差值以米为单位，路线长度以千米为单位。

（4）网中的点名在程序中作为字符串处理，点名可以包含汉字、字母和数字等，字母区分大小写，每一个点只能有唯一的点名，点名中间不能有空格和控制字符。

实际平差时，水准网的规模和数据可能会与本例不同，但只要按照上面介绍的数据格式和顺序将网的概况数据、已知数据、观测数据放在数据文件中，即可用本章的程序进行平差计算。

原始数据准备好后，以文本文件形式存于磁盘中，以供程序读取。

5.3.2 数据存储

1. 点数据的存储

平差程序用到的点数据，如点名、高程值等都由控制点类对象指针数组（CugPoint* pPoint，继承于父类 CugControlNet）存储。每一个 CugPoint 的对象代表着一个点，存储点数据的对象指针数组长度为总点数。CugPoint 中的属性 Name 对应高程点的点名；H 对应高程点的高程，平差前是近似值，平差后是平差值；枚举类型 Type 表示当前点的状态。

2. 观测数据的存储

观测数据包括观测高差值、观测点之间的距离、高差起始点的点名、高差终点的点名等，它们与观测数据一一对应，由高差值类对象指针数组（CugHeightVal* pHeightVal）存储，与高程点的存储类似，每一个 CugHeightVal 的对象代表着一段观测数据，存储着观测数据、高差起始点的点数和高差终点的点名，该对象指针数组长度都为观测值总数。

从文本中获取的高差起始点和高差终点的点名通过 FindPoint 函数判断该点是否已经存储于 pPoint 数组里，若 pPoint 数组中没有与待查点名相同的点名，就为待查点名申请一段内存，将待查点名字符串复制到申请的内存中，然后将内存地址赋给 pPoint 数组。

FindPoint 函数流程图如图 5.3 所示。

FindPoint 函数实现步骤如下。

（1）将待查点名 Name 与 pPoint 数组中已经保存的点名逐一比较，检查 pPoint 数组中是否已经保存有 Name 这个点名，如果 pPoint 数组中存在 Name 这个点名，就返回 Name 所在 pPoint 数组中的点数据指针。

（2）如果 pPoint 中没有 Name，则向计算机申请内存，然后将 Name 复制到申请的内存中，按顺序存放，方便之后查找，再将内存地址存到 pPoint 数组中，最后返回 Name 所在 pPoint 数组中的点数据指针。

在 FindPoint 函数首次被调用之前，需将 pPoint 数组元素的初始值全部置为 NULL，这样，在将待查点名与 pPoint 数组中已经保存的点名进行比较时，如果遇到 NULL，说明存入内存的点名已经全部检查完毕，而且没有与待查点名相同的点名，待查点名是一个新遇到的点名，需要将待查点名存入点名数组，新的点名地址正好可以保存在当前这个下标元素中。

数据文件输入过程中，当需要读取点名时，总是首先将点名读到一个临时数组，然后以临时数组的地址作为参数，调用函数 FindPoint，由该函数进行点名字符串的存储，并返回相应点名的点号。

3. FindPoint 函数

FindPoint 函数源代码如下。

```
CugPoint* CugControlNet::FindPoint(const char* ptName,long IsSetPointName)
{
    if(ptName != NULL && ::strlen(ptName) > 0 && PointCount > 0 && pPoint != NULL)
    {
```

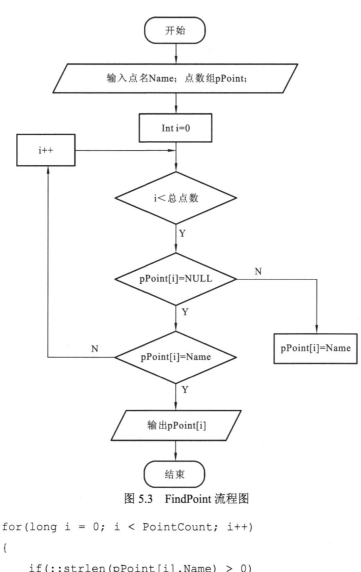

图 5.3　FindPoint 流程图

```
for(long i = 0; i < PointCount; i++)
{
    if(::strlen(pPoint[i].Name) > 0)
    {
        if(!::strcmp(ptName,pPoint[i].Name))
            return (pPoint + i);
    }
    else if(IsSetPointName)
    {
        ::strcpy(pPoint[i].Name,ptName);
        return(pPoint + i);
    }
}
return NULL;
}
```

GetPointIndex 函数源代码如下。

```
int CugHeightAdjust::GetPointIndex(const CugPoint* p)
{
    if(p == NULL || pPoint == NULL)
        return -1;
    int ii = p - pPoint;
    if(ii >= 0 && ii < PointCount)
    {
        return ii;
    }
}
```

最后，将数据存储做以下小结。

（1）点数据存于 **pPoint** 数组中，单个点号的存储在函数 FindPoint 中实现。

（2）观测高差、高差起点号、高差终点号、观测权、观测值改正数等按观测值在数据文件中的顺序存储，存于 **pHeightVal** 数组中。输入观测值的时候，需要调用 FindPoint 函数判断点是否已读，且将点存于数组 pBegin 和 pEnd 中。

图读取水准数据文件流程图如图 5.4 所示。

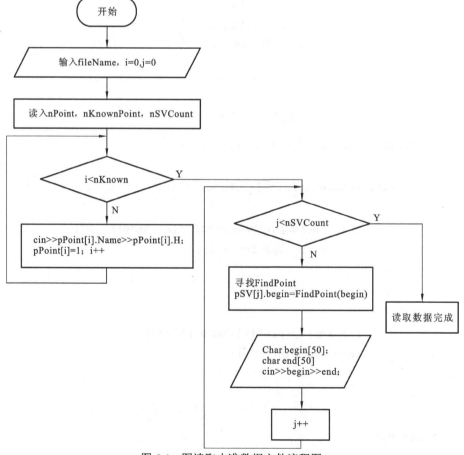

图 5.4　图读取水准数据文件流程图

4. Read 函数

利用文件流可以将文件中不同数据对号入座至定义好的私有成员变量中,采用多个 for 循环并列的方式,注意对未知点也应赋进 pPoint 数组中,其高程定义为某个非法值。Read 函数流程图设计如图 5.4 所示,源代码如下。

```cpp
int CugHeightAdjust::Read(const char* fileName)
{
    Destroy( );
    fstream in;
    in.open(fileName,ios::in);
    if (!in) return 1;
    //第一行:观测值总数、总点数、已知点总数、验前单位权中误差
    in >> HeightValCount >> PointCount >> KnownPointCount >> PriorMeanError;
    if (HeightValCount < 1 || PointCount < 1 || KnownPointCount < 0)
        return 2;
    pPoint = new CugPoint[PointCount];
    pHeightVal = new CugHeightVal[HeightValCount];
    //已知点数据读取
    for(int i = 0; i < KnownPointCount; i++)
    {
        in >> pPoint[i].Name >> pPoint[i].H;
        pPoint[i].Type = CugPoint::Known;
    }
    //观测高差值
    for(int j = 0; j < HeightValCount; j++)
    {
        char begin[32],end[32];
        in >> begin >> end >> pHeightVal[j].Value >> pHeightVal[j].Distance;
        mtP(j,j)=1/pHeightVal[j].Value;
        pHeightVal[j].pBegin = FindPoint(begin);
        pHeightVal[j].pEnd = FindPoint(end);
        if(pHeightVal[j].pBegin == NULL || pHeightVal[j].pEnd == NULL)
//没有对应的测站点或目标点
            return 3;
    }
    in.close( );
    return 0;
}
```

5.4　近似高程计算

按照测量平差的习惯，一般要引入参数近似值，将误差方程的未知参数变成未知参数的改正数。水准网中的参数近似值即高程近似值，原始数据文件中已经有已知点的高程值，只有未知点的高程近似值才需要程序计算，计算函数为 ComputeCoordinate，流程图如图 5.5 所示。

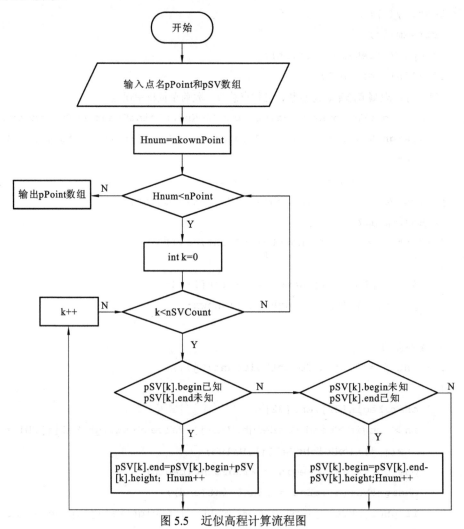

图 5.5　近似高程计算流程图

5.4.1　近似高程计算步骤

近似高程计算步骤如下。

（1）设置未知点标志。各点的高程值用 pPoint[i].H 保存，设置 pPoint 数组中未知点的类型为 UnKnown，可判断某点是否需要计算近似高程。当某点的近似高程计算出来之后，数组中点的 UnKnown 类型就会被 Computed 类型所取代，直到控制点数组中不存在

UnKnown 类型的点，近似高程计算便结束。

（2）计算高程。近似高程计算的基本思路是：遍历观测值，找到每一个观测值起始点、终点，从 pHeightVal 数组中获得每一段高差起始点的高程值和终点的高程值，当高差的一端是高程已知点、另一端是高程未知点时，就由已知点高程和观测高差计算出未知点的高程值，并将计算结果赋给高程数组；如果高差两端同为已知点或者同为未知点，就跳到下一次循环，继续查找下一个观测值。

如图 5.6 所示，0 号点是已知点，其余的点是未知点。依次查找观测值 $h_0, h_1, \cdots, h_7$ 的高差起始点号和终点号，由点号获得两端点高程值，找到一端已知一端未知的观测段，即可将未知点的高程陆续计算出来，先后计算出 3 号、4 号、2 号、1 号、5 号点的高程。

在遍历观测值时，排在前面的观测值总是最先用于高程近似值的计算，当观测值的排序不同时，近似高程计算用到的观测值不同，计算结果

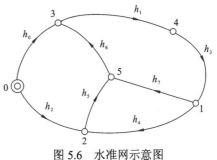

图 5.6　水准网示意图

也不同，所以近似高程的计算结果不是唯一的。有时一次遍历观测值可能还有部分点的高程值仍未能计算出来，还要再次遍历观测值，直至全部点均计算出高程值为止。

5.4.2　ComputeCoordinate 函数

ComputeCoordinate 函数源代码如下。

```
int CugHeightAdjust::ComputeCoordinate( )
{
    int j = 0;
    while(1)
    {
        for(int i=0; i<HeightValCount; i++)
        {
            if((pHeightVal[i].pBegin->Type==CugPoint::Known&& pHeightVal[i].
pEnd-> Type == CugPoint::UnKnown)|| (pHeightVal[i].pBegin->Type == CugPoint::
Computed && pHeightVal[i].pEnd->Type == CugPoint::UnKnown))
            {
                pHeightVal[i].pEnd->H = pHeightVal[i].pBegin->H +
pHeightVal[i].Value;
                pHeightVal[i].pEnd->Type = CugPoint::Computed;
                j++;
            }
            else if ((pHeightVal[i].pBegin->Type == CugPoint::UnKnown &&
pHeightVal[i].pEnd->Type == CugPoint::Known)|| (pHeightVal[i].pBegin->Type ==
CugPoint::UnKnown && pHeightVal[i].pEnd->Type == CugPoint::Computed))
```

```
        {
            pHeightVal[i].pBegin->H = pHeightVal[i].pEnd->H -
pHeightVal[i].Value;
            pHeightVal[i].pBegin->Type = CugPoint::Computed;
            j++;
        }
    }
    if (j == UnknownNumberCount)break;
    }
    return 0;
}
```

5.5　水准路线简易平差

图 5.7 所示为修建某公路前，用附合水准路线测定施工水准点 1、2 和 3 的高程。A 和 B 为已知高程的水准点，图中箭头表示水准测量的前进方向，路线上方的数字为测得的两点间的高差，路线下方数字为该路段的长度。设按四等水准测量精度，采取路线检核方法检验该水准测量成果是否合格，如合格，调整闭合差，并推算各点高程，计算结果如表 5.4 所示。

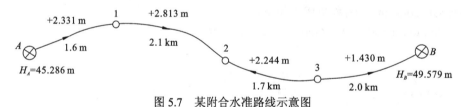

图 5.7　某附合水准路线示意图

表 5.4　传统计算方法

点名	路线长 L/km	观测高差 h_i/m	改正数 V_i/m	改正后高差 $\hat{h}_i$/m	高程 H/m
A					45.286
	1.6	+2.331	−0.008	2.323	
1					47.609
	2.1	+2.813	−0.011	2.802	
2					50.411
	1.7	−2.244	−0.008	−2.252	
3					48.159
	2.0	+1.430	−0.010	+1.420	
B					49.579
Σ	7.4	+4.330	−0.037	+4.93	

5.5.1 数据组织与存储

利用水准网输入数据文件格式设计,并存储到文本文件中,如图 5.8 所示。

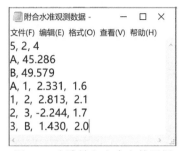

图 5.8 水准输入文本文件示例

5.5.2 计算过程

1. 高差闭合差

设某一附合水准路线从已知高程水准点 A 出发,经若干个待测水准点后附合于已知高程水准点 B,如果观测时没有误差存在,则各段高差之和与两个已知点高程之差相等。即有

$$\sum h_测 = H_B - H_A \tag{5.23}$$

由于测量误差的存在,实际所测各段高差之和不等于理论值,记其差值为 f_h,则有

$$f_h = (H_B - H_A) - \sum h_测 \tag{5.24}$$

式中:f_h 为附合水准路线的高差闭合差。高差闭合差 f_h 常用来衡量水准路线测量的总精度。如果闭合差超过容许值,则观测结果作废,必须重测。

2. 高差闭合差分配

对于在容许范围内的闭合差,需按规定采用平差的方法,将其调整到各段高差之上,使调整后的各段高差之和等于其理论值。

若精度要求不高,可按式(5.25)进行计算:

$$v_i = \frac{f_h}{\sum S} S_i \tag{5.25}$$

式中:v_i 为高差改正数;$\sum S$ 为水准路线各段距离求和(总长),注意 S 与 S_i 单位要统一。

3. 待测点高程计算

调整(平差)后的高差等于高差观测值加改正数,即

$$\widehat{h}_i = h_i + v_i \tag{5.26}$$

$$\sum \widehat{h}_i = H_B - H_A \tag{5.27}$$

式中:$\widehat{h}_i$ 为高差平差值。高程平差值符合 $H_i = H_{i-1} + \widehat{h}_i$。

图 5.9 为水准路线简易平差算法流程图,传统方法计算结果见表 5.4。

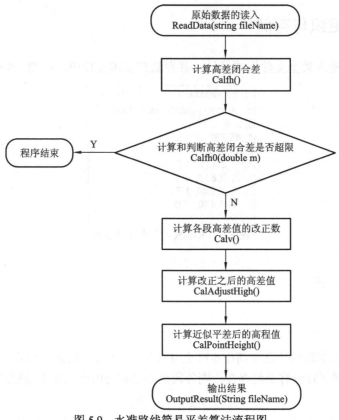

图 5.9 水准路线简易平差算法流程图

4. 编程实现

水准路线简易平差思想：首先，求水准路线闭合差；然后，将所求闭合差的相反数平均分配到每一段水准观测值中；最后，求出改正后的每个水准点高程。其算法流程如图 5.9 所示。

5.6 水准间接平差

5.6.1 误差方程组成

组成法方程是参数平差的关键步骤，由参数平差模型可知，在误差方程系数矩阵 B、误差方程常数项向量 L 及观测值权矩阵 P 确定时，法方程系数矩阵和常数项向量分别为 $B^{\mathrm{T}}PB$ 和 $B^{\mathrm{T}}PL$，组成法方程就是矩阵的乘积运算。

1. 算法

根据观测数据列出误差方程，即将各个未知的水准点高程作为未知参数，根据高差等于两端点高程之差列出误差方程。然后，求出系数矩阵 B 和相应常数项、权阵。其算法流程图如图 5.10 所示。

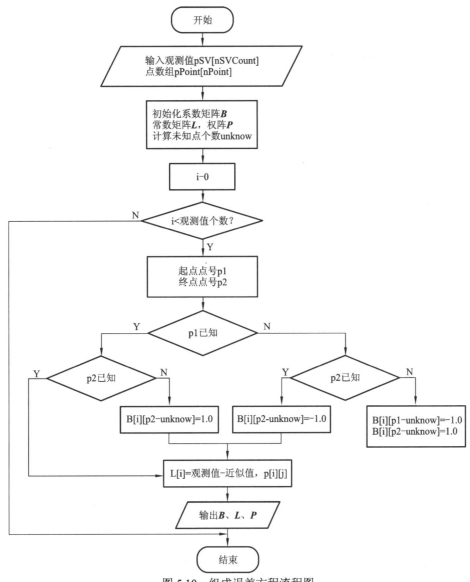

图 5.10 组成误差方程流程图

组成误差方程计算流程如下。

（1）计算 **B** 矩阵：初始化 **B** 矩阵的大小为 nSVcount 行，nPoint-unKnownPoint 列。**B** 矩阵的构建较为简单。

通过 for 循环遍历 pSV 观测值数组，取出第 i 个观测值。

通过 FindPointindex 函数得到此观测值的起点和终点在点数组中的点号 p1、p2。

通过判断起点、终点的 type 来判断其是否已知。如果起点终点都是未知点，则 B[i][p1-unknownpoint]=-1.0，B[i][p2-unknownpoint]=1.0；如果 p1 已知，p2 未知，则 B[i][p2-unknownpoint]=1.0；如果 p1 未知，p2 已知，则 B[i][p1-unknownpoint]=-1.0。

（2）计算常数项矩阵：常数项的值可以根据误差方程的形式求得，即观测高差值减去两点之间的高差。表示为 L(i, 0)=pSV[i].svHigh-（pSV[i].end->Height-pSV[i].begin->Height）;

（3）计算权阵：设单位全中误差为 1，则每条线路的权阵为 P(i, i) = 1/pSV[i].s。

2. BuildErrorEquation 函数

BuildErrorEquation 函数源代码如下。

```
int CugHeightAdjust::BuildErrorEquation( )
{
    //求常数项矩阵 L 与权阵 P
    for(int i = 0; i < HeightValCount; i++)
    {
      double a=(pHeightVal[i].pBegin->H-pHeightVal[i].pEnd->H+pHeightVal[i].Value);
      mtL(i, 0)= -a;

        mtP(i, i) = 1 / pHeightVal[i].s;
    }
    //求系数阵 B
      for(int i = 0; i < HeightValCount; i++)
      {
            int temp = 0;
            if(pHeightVal[i].pEnd->Type == CugPoint::Computed)
            {
                temp = GetPointIndex(pHeightVal[i].pEnd) - KnownPointCount;
                mtB(i, temp)=1;
            }
            if(pHeightVal[i].pBegin->Type == CugPoint::Computed)
            {
                temp = GetPointIndex(pHeightVal[i].pBegin) - KnownPointCount;
                mtB(i, temp)= -1;
            }
      }
    return 0;
}
```

5.6.2 平差处理过程

1. 高程平差值计算

在引入高程近似值的情况下，法方程的未知数是高程的改正数，先解算法方程得到高程改正数，再将高程改正数累加到高程数组即为高程的平差值。高程平差值计算由 cal_dH 函数完成。该函数首先调用矩阵求逆函数，计算法方程系数矩阵的逆阵，然后以总点数为循环界逐点计算各点高程的改正数，最后将高程改正数保存在 pPoint 数组中的 dH，同时将高程改正数累加到 pPoint 数组中的 H。如此，pPoint 数组中的 H 就从高程近似值变成了高程平差值。

cal_dH 函数源代码如下。

```
void CugHeightAdjust::cal_dH( )
{
    Matrix Nbb = mtB.Trans( ) * mtP * mtB;
    Matrix W = mtB.Trans( ) * mtP * mtL;
    Matrix dH = Nbb.Inverse( ) * W;
    for(int i = KnownPointCount; i < PointCount;i++)
    {
        pPoint[i].dH = dH(i- KnownPointCount, 0);
        pPoint[i].H += dH(i- KnownPointCount, 0);
    }
}
```

2. 残差计算

残差也称为观测值的平差改正数，在参数平差中观测值的平差值都可以直接用参数平差值计算出来，所以计算残差的目的不是用来改正观测值，而主要是用残差来进行精度估计。残差计算由函数 cal_V 完成，计算结果存在于矩阵 V 中，该函数的返回值是[pvv]（可用于计算单位权中误差）。

1）算法

以观测值序号 k 为循环变量，按观测值循环，由式（5.1）计算各观测值的残差 v_k，第 k 次循环中所要进行的工作如下。

（1）获得高差的起点号 i 和终点号 j。

（2）获得起点和终点的高程值 H_i、H_j（已经是平差值）。

（3）计算残差 v_k=H_j-H_i-h_k，存在于矩阵 V 中。

（4）将 p_k v_k^2 累加到[pvv]中。结束循环之后，得到[pvv]，返回[pvv]。

2）cal_V 函数

cal_V 函数源代码如下。

```
double CugHeightAdjust::cal_V( )
{
    V = Matrix(HeightValCount, 1);
    double pvv = 0.0;
    for (int i = 0; i < HeightValCount; i++)
    {
      double a=pHeightVal[i].pEnd->H-pHeightVal[i].pBegin->H-pHeightVal[i].Value;
      V(i, 0)= a;
      pvv += a * a * mtP(i, i);
    }
    return pvv;
}
```

5.7　闭合差检验

为了检查水准测量的质量，水准网平差前一般要进行附合路线闭合差计算与多边形环闭合差计算，并进行闭合差的检核。因附合路线闭合差计算和多边形环闭合差计算都涉及最短路线搜索问题，本节首先介绍最短路线搜索算法及程序设计，然后介绍路线闭合差计算和多边形环闭合差计算及检核。

5.7.1　Dijkstra 算法

图 5.11 所示为一个有权图，迪杰斯特拉（Dijkstra）算法可以计算任意节点（如 A 点）到其他节点（如 E 点）的最短路径。

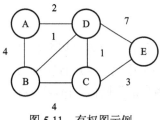

图 5.11　有权图示例

1. 算法思路

（1）指定一个节点，例如要计算 A 到其他节点的最短路径。

（2）引入两个集合(S, U)，集合 S 包含已求出的最短路径的点，以及相应的最短长度，集合 U 包含未求出最短路径的点，以及 A 到该点的路径。注意，如图 5.11 所示，A->C 由于没有直接相连，初始时为∞。

（3）初始化两个集合，集合 S 初始时只有当前要计算的节点，A->A=0，集合 U 初始时为 A->B=4，A->C=∞，A->D=2，A->E=∞。

（4）从集合 U 中找出路径最短的点，加入 S 集合，例如 A->D=2。

（5）更新集合 U 路径，if（'D 到 B，C，E 的距离'+'AD 距离'<'A 到 B，C，E 的距离'），则更新 U；循环执行（4）和（5）两步骤，直至遍历结束，得到 A 到其他节点的最短路径。

2. 算法图解

步骤一：按照上述步骤（3）选定 A 节点并初始化，如图 5.12 所示。

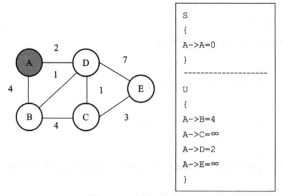

图 5.12　图解步骤一

步骤二：执行上述（4）和（5）两步骤，找出集合 U 中路径最短的节点 D 加入集合 S，并根据条件 if（'D 到 B，C，E 的距离'+'AD 距离'<'A 到 B，C，E 的距离'）来更新集合 U，如图 5.13 所示。

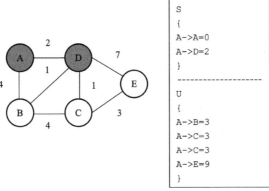

图 5.13　图解步骤二

步骤三：这时候 A->B 和 A->C 都为 3，它们都是最短距离，如果从算法逻辑来讲，会先取到 B 点。而这个时候 if 条件变成了 if（'B 到 C，E 的距离'+'AB 距离'<'A 到 C，E 的距离'），A->B 距离其实为 A->D->B，如图 5.14 所示。

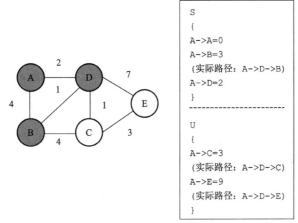

图 5.14　图解步骤三

重复上述算法步骤，可以得到最终的结果，如图 5.15 所示。

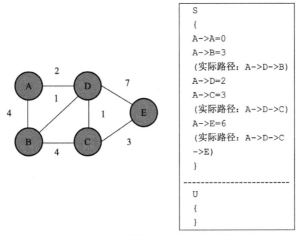

图 5.15　A 点到其他 4 个点的最短路径示例

3. 代码实现

```java
public class Dijkstra {
    public static final int M = 10 000; // 代表正无穷
    public static void main(String[] args) {
        // 二维数组每一行分别是 A、B、C、D、E 各点到其余点的距离,
        // A -> A 距离为 0,常量 M 为正无穷
        int[][] weight1 = {
                {0,4,M,2,M},
                {4,0,4,1,M},
                {M,4,0,1,3},
                {2,1,1,0,7},
                {M,M,3,7,0}
        };
        int start = 0;
        int[] shortPath = dijkstra(weight1,start);
        for(int i = 0; i < shortPath.length; i++)
            System.out.println("从"+start+"出发到"+i+"的最短距离为: "+shortPath[i]);
    }
    public static int[] dijkstra(int[][] weight,int start) {
        // 接受一个有向图的权重矩阵,和一个起点编号 start(从 0 编号,顶点存在数组中)
        // 返回一个 int[] 数组,表示从 start 到它的最短路径长度
        int n = weight.length; // 顶点个数
        int[] shortPath = new int[n]; // 保存 start 到其他各点的最短路径
        String[] path = new String[n]; //保存 start 到其他各点最短路径的字符串表示
        for(int i = 0; i < n; i++)
            path[i] = new String(start + "-->" + i);
        int[] visited = new int[n]; //标记当前该顶点的最短路径是否已经求出,1 表示已求出
        // 初始化,第一个顶点已经求出
        shortPath[start] = 0;
        visited[start] = 1;
        for (int count = 1; count < n; count++) { // 要加入 n-1 个顶点
            int k = -1; // 选出一个距离初始顶点 start 最近的未标记顶点
            int dmin = Integer.MAX_VALUE;
            for(int i = 0; i < n; i++) {
                if(visited[i] == 0 && weight[start][i] < dmin) {
                    dmin = weight[start][i];
                    k = i;
                }
            }
```

```
                // 将新选出的顶点标记为已求出最短路径,且到 start 的最短路径就是 dmin
                shortPath[k] = dmin;
                visited[k] = 1;
                // 以 k 为中间点,修正从 start 到未访问各点的距离
                for(int i = 0; i < n; i++) {
                    //如果'起始点到当前点距离'+'当前点到某点距离'<'起始点到某点距离',则更新
                    if(visited[i] == 0 && weight[start][k] + weight[k][i] <
weight[start][i]) {
                        weight[start][i] = weight[start][k] + weight[k][i];
                        path[i] = path[k] + "-->" + i;
                    }
                }
            }
            for(int i = 0; i < n; i++) {

                System.out.println("从"+start+"出发到"+i+"的最短路径为: "+path[i]);
            }
            System.out.println("==================================");
            return shortPath;
        }
    }
```

5.7.2　水准路线

1. 求解最短附合水准路线

水准网可视为无向图,由于从已知起点到终点可能有多条路径,选取两点间的最短路径,并求出该路径的闭合差。通过 Dijkstra 算法可以求出给定起点和终点的最短路径。而 Dijkstra 算法的创建需要构建对应的路径数组,考虑高差具有方向性,利用路径矩阵 pathGraph、高差平差值矩阵 adjHighGraph 及 CreateGraph(int initial),当 pathGraph[i][j]= initial 表示 i,j 两点间没有路径,并由高差的平差值对两个矩阵进行赋值。完成创建后 FindshortRoute(string name1,string name2)的算法本质为 Dijkstra 算法,搜索两个不同的水准点 name1、name2 间的最短水准路线。CreateGraph 函数和 ClosureCheck 函数算法流程图分别如图 5.16 和图 5.17 所示。

2. 求解最短闭合水准路线

最短闭合水准路线的求解函数 FindCircleRoute(string Circlename,int& temp)由 Dijkstra 算法改编。由于最短闭合水准路线的起点与终点一致,将与 i 有直接路径的 j 作为转点,把 i->i 分解为 i->j->i 的思路,并求解出 $d_{ij} + d_{ji}$ 的最小值,即构成最短闭合水准路线。

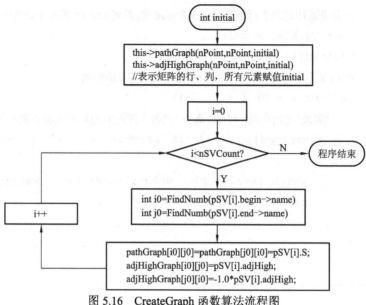

图 5.16　CreateGraph 函数算法流程图

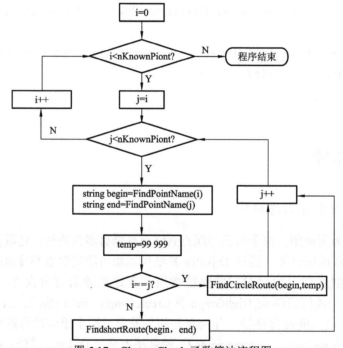

图 5.17　ClosureCheck 函数算法流程图

为了避免路径重复，利用临时变量保存对应的路径 KnownEdge=pathGraph.Mat[i][j]，并使 pathGraph[i][j]=pathGraph [j][i]=99 999，将当前边暂时修改为断路，并调用函数 FindshortRoute (FindPointName(j)，FindPointName(i))，转换为 $j \to i$ 的最短路径的搜索，搜索结束后，利用 pathGraph [i][j]=pathGraph [j][i]=KnownEdge 语句对路径进行恢复，便于后续的搜索。用 temp 记录最短闭合水准路径的转点 j，当 $d_{ij} + d_{ji} < \min$ 时，搜索到更短的闭合水准路线，需要对 temp 进行更新，当 for (int j=0; j<nPoint; j++)结束，即所有的点均被搜索后，再次将 j 作为转点重新调用 FindshortRoute 函数完成求解。

3. 水准网闭合差的计算及检核

基于最短附合水准路径搜索算法、最短闭合水准路径搜索算法，ClosureCheck(fstream& file)函数通过 for (int i=0; i<nKnownPiont; i++)、for (int j=i; j<nKnownPiont; j++)对已知水准点的最短路径进行搜索，并通过 double sum=pPoint[j].Height-pPoint[i].Height 记录起点与终点之间的闭合差的初值。因为 Dijkstra 算法所得 int* path 数组记录的路径为起点到终点的逆向排列，所以需要利用 stack<int> output 进行逆向输出，才能够得到正确的路径。

1）路线闭合差计算

从一个已知点出发用观测高差依次推算其他各点的高程，最后闭合到另外一个已知点上，闭合点上推算高程值与已知高程值之差称为附合路线闭合差，简称路线闭合差。当水准网的规模较大时，两个已知点之间的附合路线往往不止一条，一般计算两个已知点之间的最短路线的路线闭合差。

设 k_1、k_2 为两个已知点，已知高程值分别为 H_1、H_2，两点之间的推算路线由高差 $h_1, h_2, \cdots, h_n$ 构成，各段高差的路线长度分别为 $S_1, S_2, \cdots, S_n$，路线闭合差为

$$W = H_1 \pm h_1 \pm \cdots \pm h_n - H_2 \tag{5.28}$$

式中：正负号取决于高差起点到终点的方向与推算路线的方向是否一致。路线闭合差的限差为

$$W_{限} = 4 \times \sqrt{S_1 + S_2 + \cdots + S_n} \times \sigma_0 \tag{5.29}$$

式中：σ_0 为观测值的每千米高差的中误差。

假如网中共有 m 个已知点，将 m 个已知点两两组合，计算 $m(m+1)/2$ 条附合路线的闭合差，每条路线均按最短路线计算。

2）环闭合差计算

在水准网中，观测高差相连接可形成闭合多边形，理论上构成闭合多边形的各观测高差之和应该等于 0。但由于观测误差的存在，高差之和一般不等于 0，闭合多边形的观测值之和称为环闭合差。

设 A 为已知点，由高差 $h_1, h_2, \cdots, h_n$ 构成闭合环，各段高差的路线长度分别为 $S_1, S_2, \cdots, S_n$，则闭合环差为

$$W = h_1 \pm \cdots \pm h_n \tag{5.30}$$

环闭合差的限差为

$$W_{限} = 2 \times \sqrt{S_1 + S_2 + \cdots + S_n} \times \sigma_0 \tag{5.31}$$

实际计算时，一般只计算最小独立环的闭合差。最小独立环应满足以下条件。

（1）多边形环应该是相互独立的（线性无关，即任何一个多边形环都不能由其他多边形环线性组合而得）。满足独立性条件可以避免重复计算，也可以避免遗漏。设水准网中有 n 段观测高差、t 个高程点，那么，独立闭合环的个数为

$$r = n - t + 1 \tag{5.32}$$

保证闭合环独立的方法是：每个新找到的闭合环都有前面找到的闭合环中不曾使用的观测值。

（2）在多边形环独立的情况下，闭合环的边长最短。

为了保证找到的闭合环是独立的，只能将未参加过前面环闭合差计算的观测值作为直接路线。

5.7.3 示例

水准网如图 5.18 所示，已知高程 $H_A = 0.004\,\mathrm{m}$，$H_F = 11.410\,\mathrm{m}$，观测高差见表 5.5，计算路线闭合差和环闭合差。

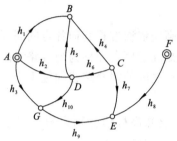

图 5.18　水准网示意图

表 5.5　观测高差与路线长度

起点	终点	观测高差/m	路线长度/km	起点	终点	观测高差/m	路线长度/km
A	B	73.795	20.4	C	D	12.159	12.8
A	D	14.005	18.8	C	E	15.364	9.8
A	G	14.167	15.4	F	E	5.797	19.6
C	B	71.949	8.9	G	E	3.044	15.1
D	B	59.780	14.2	D	G	0.169	10.0

1. 数据文件

按 5.2 节数据文件格式将算例数据存于"data.txt"文件，文件内容如图 5.19 所示。

10	7	2	0.001
A		0.004	
F		11.410	
A	B	73.795	20.4
A	D	14.005	18.8
A	G	14.167	15.4
C	B	71.949	8.9
D	B	59.780	14.2
C	D	12.159	12.8
C	E	15.364	9.8
F	E	5.797	19.6
G	E	3.044	15.1
D	G	0.169	10.0

图 5.19　数据文件格式

2. 计算结果输出

计算结果输出如图 5.20 所示。

```
===路线闭合计算===
附合路线：F-E-G-A
W=-0.008 （限差：0.014）
===环闭合差计算===
环闭合差：A-D-B-A
W=-0.010 0 （限差：0.014 6）
环闭合差：A-D-G-A
W=0.007 0 （限差：0.013 3）
环闭合差：C-D-B-C
W=-0.010 0 （限差：0.012 0）
环闭合差：C-D-G-E-C
W=0.008 0 （限差：0.013 8）
观测值F-E与任何观测边不构成闭合环
```

图 5.20　输出结果显示

5.8　自由网平差

5.8.1　自由网平差公式

设误差方程式为

$$V = AX - l \tag{5.33}$$

式中：l 为 n 维常数项向量；V 为 n 维残差向量；A 为 $n×u$ 系数矩阵；X 为 u 维参数向量，这里 X 是高程点高程近似值的平差改正数，由式（5.33）组成法方程式：

$$(A^{\mathrm{T}}PA)X - A^{\mathrm{T}}Pl = 0 \tag{5.34}$$

式中：P 为观测值的权矩阵，对称正定。

水准网平差中至少应有一个已知高程点。假如网中没有已知高程点，误差方程式的系数矩阵的秩 $R(A^{\mathrm{T}}PA) = t < u$，导致式（5.34）有无穷多组解，这种情况称为秩亏网平差，坐标基准的秩亏数为 d，水准网中 $d=1$。秩亏网平差分为自由网平差和拟稳平差，本小节讨论自由网平差。

在自由网平差中，参数 X 除满足法方程外，还满足

$$\underset{d×u}{S^{\mathrm{T}}}\underset{u×1}{X} = 0 \tag{5.35}$$

求满足式（5.35）的 X 有许多种解法，例如直接解法、广义逆法、附有条件的参数平差法、转换解法等，这些解法是等价的。本小节采用一种便于编程的公式，可表示为

$$X = (A^{\mathrm{T}}PA + SS^{\mathrm{T}})^{-1} + A^{\mathrm{T}}Pl \tag{5.36}$$

X 的权逆阵为

$$Q_{XX} = (A^{\mathrm{T}}PA + SS^{\mathrm{T}})^{-1} - A^{\mathrm{T}}PA(A^{\mathrm{T}}PA + SS^{\mathrm{T}})^{-1} \tag{5.37}$$

式中

$$S^{\mathrm{T}} = \left[\begin{array}{cccc} \dfrac{1}{\sqrt{t}} & \dfrac{1}{\sqrt{t}} & \cdots & \dfrac{1}{\sqrt{t}} \end{array} \right] \qquad (5.38)$$

式中：t 为网中的总点数。

不难看出，SS^{T} 是各元素均等于 $\dfrac{1}{t}$ 的矩阵。所以，在按通常方法组成法方程之后，将法方程系数矩阵的每个元素上加上一个常数 $\dfrac{1}{t}$，然后再解算法方程，结果就是秩亏自由网平差解；将逆矩阵 $(A^{\mathrm{T}}PA + SS^{\mathrm{T}})^{-1}$ 每一个元素分别减去常数 $\dfrac{1}{t}$，所得矩阵就是秩亏自由网平差参数解的权逆阵。

因为秩亏水准网的必须观测数是 $t-1$，所以单位权中误差计算公式为

$$\sigma_0 = \sqrt{\dfrac{V^{\mathrm{T}}PV}{n-t+1}} \qquad (5.39)$$

5.8.2　程序设计

自由网平差计算由 FreeNetAdjust 函数完成。假定在 FreeNetAdjust 函数之前，已经完成了观测数据和已知数据的输入，并按约定存入相应的数组和变量中。特别需要指出，虽然自由网平差中每个点都作为未知点，但并非每个点都没有已知的高程值，相反每个点都应存在已知的高程值，自由网平差时是将已知的高程值作为高程的近似值进行平差。由于各点均有已知高程值，自由网平差不需要计算未知点的近似高程，可以直接从组成法方程开始计算，组成法方程之后，将法方程系数矩阵每个元素加上一个常数 $\dfrac{1}{t}$，然后再调用 cal_dH 函数计算高程平差值。自由网平差函数源代码如下。

```cpp
void CugHeightAdjust::FreeNetAdjust( )
{
    Matrix Nbb = mtB.Trans( ) * mtP * mtB;
    Matrix GGT(PointCount,PointCount);
    for(int i = 0; i < PointCount; i++)
    {
        for(int j = 0; j < PointCount; j++)
        {
            GGT(i,j)=1/ PointCount;
        }
    }
    Nbb = Nbb + GGT;
    cal_dH( );
    double pvv = cal_V( );
}
```

第6章　平面控制网平差

实际的测量作业中，控制网的建立至关重要。控制网是测量工作的基础，一般需要建立平面控制网和水准网。常见的平面控制网有三角网、三边网、边角网和导线网等形式。由于测量技术的发展，导线网已经发展成为应用最多的平面控制网，本章将主要介绍平面控制网数据平差处理过程的程序设计。

平面控制网主要是根据平面内点与点之间的角度、距离和方位角等测量数据，利用几何关系进行平差处理，得到未知点的平面坐标及其精度。

6.1　数　学　模　型

选择间接平差模型作为平差时所选的函数模型，即以点的坐标作为未知数，误差方程具有统一的形式，便于程序设计。

6.1.1　误差方程

平面控制网函数模型的建立需要依赖测量值之间的几何关系 $f(L)$，然后根据平差原理进行平差计算，得到测量值的改正数和点坐标的平差值坐标。为了便于求得最后的点位坐标，本章采用间接平差方法进行处理，则观测值函数可表示为

$$\hat{L} = f(\hat{X}) \tag{6.1}$$

式中：$\hat{L}$ 为观测值的平差值；$\hat{X}$ 为点位坐标的平差值，平差值为观测值与改正数之和。将 $\hat{L} = L + v$，$\hat{X} = X_0 + x$ 代入式（6.1）得到改正数的误差方程，可表示为

$$v = f(x) \tag{6.2}$$

在边角同测的网型中，在建立协方差阵和误差方程时，边长值的单位取米，角度单位取秒。便可以计算出误差方程的系数矩阵 $\boldsymbol{B}$ 和常数项 $\boldsymbol{l}$ 的具体数值

$$v = Bx - l \tag{6.3}$$

根据最小二乘平差原理及 1.2.2 小节内容确定权阵 $\boldsymbol{P}$，得到点位坐标和观测值的改正数

$$x = (\boldsymbol{B}^{\mathrm{T}} \boldsymbol{P} \boldsymbol{B})^{-1} \boldsymbol{B}^{\mathrm{T}} \boldsymbol{P} l \tag{6.4}$$

$$v = \boldsymbol{B} (\boldsymbol{B}^{\mathrm{T}} \boldsymbol{P} \boldsymbol{B})^{-1} \boldsymbol{B}^{\mathrm{T}} \boldsymbol{P} l - l \tag{6.5}$$

单位权中误差估值为

$$\hat{\sigma}_0 = \sqrt{\frac{\boldsymbol{v}^{\mathrm{T}} \boldsymbol{P} \boldsymbol{v}}{r}} \tag{6.6}$$

式中：r 为多余观测数。

6.1.2 平面控制网间接平差计算步骤

平面控制网间接平差计算步骤：①从文件读取已知数据和观测数据；②未知点近似坐标计算；组成法方程；③法方程系数阵求逆；④坐标平差值计算；⑤残差 V 及单位权中误差计算；⑥成果（坐标平差值、坐标平差值及它们的中误差）计算及输出。

平面控制网间接平差程序流程图如图 6.1 所示。

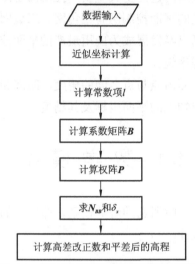

图 6.1　平面控制网间接平差程序流程图

6.2　平面控制网平差类设计

6.2.1　CugPlainAdjust 类定义

```
class CugPlainAdjust : public CugControlNet, public CugAdjust
{
public:
    CugPlainAdjust( );
    ~CugPlainAdjust( );
    int Read(const char* fileName);
    void Destroy( );
    int ComputeCoordinate(int nSelect=0);        //计算近似坐标
    int BuildErrorEquation( );                   //组建误差方程
    void Cal_dXY( );                             //平差计算
    void ErrorEllipse( );                        //误差椭圆计算
protected:
    long GetPointIndex(const CugPoint* p);       //获取点顺序号
```

```
    int ReadVal(fstream& in, long nCount, CugSurveyVal*& pVal);  //读方向观测值
    long* SearchDirectByPoint(long& nCount, const CugPoint* p);
    long SearchDistance(const CugPoint* p1, const CugPoint* p2);
    long CalStationCount( );                                      //统计方向观测的测站数
    int CreateDirectErrorEqu(long& ErrorEquIndex);  //组成方向误差方程


    long              DirectValCount;              //方向观测数
    CugSurveyVal*     pDirectVal;                  //方向观测值数组
    long              DistanceValCount;            //边长观测数
    CugSurveyVal*     pDistanceVal;                //边长观测值数组
    long              AzimuthValCount;             //方位角观测数
    CugSurveyVal*     pAzimuthVal;                 //方位角观测值数组
    double   DirectMeanError;                      //方向中误差(单位为秒)
    double   DistanceFixedError, DistanceScaleError;  //边长固定误差,边长比例误差
    double   AzimuthMeanError;                     //方位角中误差(单位为秒)
}
```

6.2.2 成员函数

在类定义中，每个成员函数都有相应的注释，通过注释可以大概了解各函数的基本功能。这里仅对构造函数、Destroy 函数和析构函数做相应说明。

```
CugPlainAdjust::CugPlainAdjust( )
{
    DirectValCount=DistanceValCount=AzimuthValCount=0;
    pDirectVal=pDistanceVal=pAzimuthVal=NULL;
    DirectMeanError=DistanceFixedError=DistanceScaleError=
AzimuthMeanError=0;
}
CugPlainAdjust::~CugPlainAdjust( )
{
    Destroy( );
}
//Destroy 函数。释放占用的动态内存。
void CugPlainAdjust::Destroy( )
{
    CugControlNet::Destroy( );
    CugAdjust::Destroy( );
    if(DirectValCount>0 && !pDirectVal)
        delete[] pDirectVal;
    if(DistanceValCount>0 && !pDistanceVal)
        delete[] pDistanceVal;
```

```
            if(AzimuthValCount>0 && !pAzimuthVal)
                delete[] pAzimuthVal;
            DirectValCount=DistanceValCount=AzimuthValCount=0;
            pDirectVal=pDistanceVal=pAzimuthVal=NULL;
}
```

6.3　数据文件格式及导入

6.3.1　数据文件格式

不同的数据组织对应不同的数据文件和不同的读取数据文件的程序。平面控制网数据包含概况信息、精度指标、已知坐标、观测数据（方向观测值、边长观测值、方位角观测值）4 类数据，分析这些数据特点，可设计方便输入的文本文件格式。

1. 概况信息格式

概况信息包括总点数、已知点数、方向观测值总数、边长观测值总数、方位角观测值总数。概况信息一般放在数据文件第一行，每个数据项都是一个具体的数字，不同的数据项用分隔符隔开，如逗号、空格等。

2. 精度指标格式

精度指标是各种观测量的中误差，可按照方位值中误差、边长固定中误差、边长比例误差、方位角中误差的顺序来填写。不同的数据项用分隔符隔开。

3. 已知坐标格式

一个已知点的数据格式为：已知点的点名、x 坐标值、y 坐标值。坐标值以米为单位。当有多个已知点数据时，顺序排列各已知点的点名、x 坐标值、y 坐标值，每个控制点数据占一行。

4. 方向观测值格式

方向观测值格式按测站组织（测站点、方向数），然后记录方向观测信息（照准点、方向值），每个方向观测值占一行，依次排列测站观测的全部方向。

5. 边长观测值格式

一条边长数据的格式为：测站点点名、照准点点名、边长观测值。当有多条边时，按一条边的格式，每个边长占一行，依次排列全部边长。

6. 方位角观测值格式

一个方位角数据格式为：测站点点名、照准点方向点名、方位角观测值。方位角的格式为度、分秒连写（ddd°.mm′ss″ss）。当有多个方位角数据时，每个方位角占一行，依次排列全部方位角。

图 6.2 显示的为某导线网,网中共有 9 个点,其中 A、B、C 为已知点,1、2、3、4、5、6 为未知点。测角的方向值的中误差为 1.0″;测距的边长固定误差为 5 mm,比例误差为 10^{-6};方位角测角误差为 0.7″。已知坐标及观测数据见表 6.1～表 6.4。依照前面约定控制网输入文件格式的结果,如图 6.3 所示。

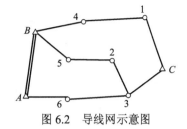

图 6.2 导线网示意图

表 6.1 已知点坐标

已知点	x/m	y/m
A	5 597 223.903 7	19 481 274.021 0
B	5 621 551.510 6	19 484 511.781 0
C	5 600 005.994 9	19 517 454.955 8

表 6.2 方位角观测值

测站点	照准点	平面方位角（ddd°.mm′ss″ss）
2	3	168.015 249

表 6.3 边长观测值

测站点	照准点	边长观测值/m
1	4	15 534.652 2
1	C	15 360.991 3
2	3	12 700.967 5
2	5	11 018.772 3
3	6	16 165.282 6
3	C	14 265.324 4
4	B	12 846.198 6
5	B	20 573.722 4
6	A	13 191.692 6

表 6.4 方向观测值

测站点	照准点	方向观测值（ddd°.mm′ss″ss）
A	B	0.000 000
	6	115.023 575
B	4	0.000 000
	5	39.332 200
	A	78.201 845
C	1	0.000 000
	3	240.075 110
1	4	0.000 000
	C	237.363 306

测站点	照准点	方向观测值（ddd°.mm′ss″ss）
2	3	0.000 000
	5	115.464 981
3	2	0.000 000
	C	50.495 699
	6	286.163 040
4	1	0.000 000
	B	188.070 883
5	2	0.000 000
	B	224.591 581
6	A	0.000 000
	3	151.405 343

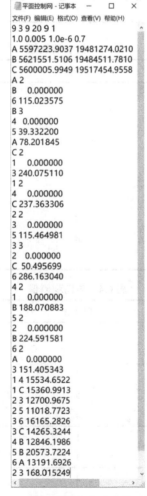

图 6.3　导线网输入文本文件示意图

文件分为 6 个部分记录观测数据：第一部分包含第一行，记录总点数、已知点数、方向值总数、边数总数和方位角总数；第二部分包含第二行，主要是记录观测值精度，分别记录了方向值中误差、边长固定误差、边长比例误差和方位角中误差；第三部分记录已知点的平面坐标，在文件中所占的行数由已知点数确定；第四部分记录方向值观测数据，所占的行数由方向值组数和方向值总数确定；第五部分为边长观测值，所占的行数由边数总数确定；第六部分为方位角观测值，所占的行数由方位角总数确定。

6.3.2　数据导入

导入原始数据也就是通过相应的函数打开指定路径下的文本文件，逐行读取文本文件中的每行数据，在对读出的每行数据进行处理后，将相应的信息存储到类 CugPlainAdjust 的成员变量中，以便后面程序对数据进行操作与处理，如图 6.4 所示。

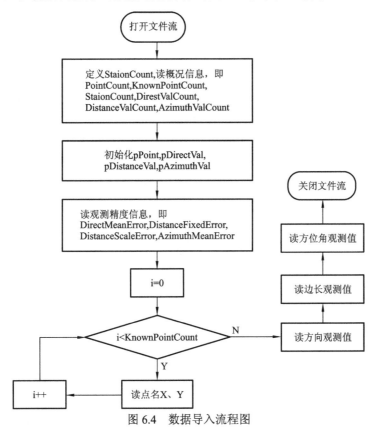

图 6.4　数据导入流程图

6.3.3　Read 函数设计

```
int CugPlainAdjust::Read(const char* fileName)
{
    Destroy( );
```

```
        fstream in;
        in.open(fileName, ios::in);
        if(!in) return 1;
        //第一行：总点数、已知点总数、方向数、边长数、方位角数
        in >> PointCount >> KnownPointCount >> DirectValCount >> DistanceValCount >>
AzimuthValCount;
        if(PointCount < 1 || KnownPointCount < 0 || (DirectValCount < 1 &&
DistanceValCount < 1) )
            return 2;
        pPoint = new CugPoint[PointCount];
        //第二行：方向中误差(单位为秒)、边长固定误差(单位为米)、边长比例误差、方位角中误差
        in >> DirectMeanError >> DistanceFixedError >> DistanceScaleError >>
AzimuthMeanError;
        //已知点数据
        for(int i = 0; i < KnownPointCount; i++)
        {
            in >> pPoint[i].Name >> pPoint[i].X >> pPoint[i].Y;
            pPoint[i].Type = CugPoint::Known;
        }
        //方向观测值
        if(ReadVal(in, DirectValCount, pDirectVal))
            return 3;
        //边长观测值
        if(ReadVal(in, DistanceValCount, pDistanceVal))
            return 4;
        //方位角观测值
        if(ReadVal(in, AzimuthValCount, pAzimuthVal))
            return 5;
        in.close( );
        return 0;
}
```

6.4 近似坐标计算

由于原始数据并不包含点位坐标近似值，程序需要首先计算出其值，才能计算出后面平差计算需要用到的系数矩阵和常数项。可以利用已知数据和观测数据的函数关系计算出其点位坐标的近似值。

6.4.1 边角网

同时测角和测边的控制网，称为边角网，例如导线。根据已有的方向观测值、边长观测值、方位角观测值和已知点信息求得近似方位角值，然后通过坐标正算计算近似的坐标值。

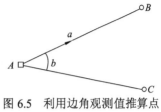

图 6.5 利用边角观测值推算点坐标示意图

如图 6.5 所示，未知点与已知点有一条边长 S_{AC} 和一个角度观测值 b，还已知一条边的方位角 a。那么 AC 方向的方位角为

$$a_{AC} = a + b \tag{6.7}$$

由 A 到 C 的平面坐标增量为

$$\begin{cases} X_{AC} = S_{AC} \cos a_{AC} \\ Y_{AC} = S_{AC} \sin a_{AC} \end{cases} \tag{6.8}$$

将 A 的平面坐标加上 A 到 C 坐标增量，便可以计算出 C 点的平面近似坐标，将 C 点称为已知计算点。对于下一个与 C 相邻的点 D，可以将已计算点 C 当作已知点，计算出的边 AC 的方位角为已知方位角，来计算 D 的近似坐标。如此类推便可以计算出所有未知点的近似坐标。以下基于类 CugPlainAdjust 的设计，介绍边角网坐标推算算法与函数设计。

1. 算法步骤

如图 6.6 所示，以已知点或已计算点的数量 SumKnownPoint 作为循环的依据，当 SumKnownPoint<nPoint 时，继续执行循环，直到所有的点都已知或已计算则停止。

第一步，对点的数组进行遍历，取数组中的某个点 pPoint[i]。

第二步，返回以该点为测站点的测段数组，遍历一遍，计算起始方位角：①该方向上有方位角观测值，则直接取该值为方位角；②该方向上两点均已知或已计算，则通过坐标反算计算方位角。

第三步，通过方向观测值计算该测站上其方向的方位角。

第四步，返回各方向上的边长观测值，通过坐标正算计算各未知点的坐标，标记为已计算。所有的点都标记完成，则停止。

2. 函数设计

边角网近似坐标计算由函数 ComputeCoordinate 完成。ComputeCoordinate 函数中用到两个辅助函数：SearchDistance 和 SearchDirectByPoint。其中，SearchDistance 函数的功能是从边长数组中查找指定点之间的边长观测值，该函数的参数是两个指向控制点的指针 p1 和 p2，如果边长数组中存在 p1 至 p2 之间的边长观测值，就返回找到边长观测值在边长观测值数组中的下标，若边长数组中没有 p1 与 p2 之间的边长观测值，返回-1 作为未找到边长观测值的标志。SearchDirectByPoint 函数功能是从观测值数组中查找同一测站的方向观测值，若方向观测值数组中存在指定测站点的方向观测值，就返回该测站在方向观测值数组中的下标（下标存储于数组），若方向观测值数组中没有相应的观测值，返回 NULL 作为未找到方向观测值的标志。

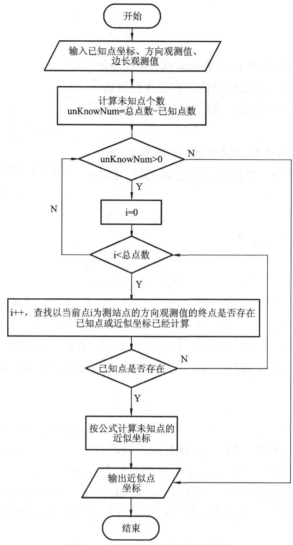

图 6.6　边角网坐标计算流程图

近似坐标计算函数代码如下。

```
int CugPlainAdjust::ComputeCoordinate(int nSelect)
{
    //同时观测了控制网的边长与方向(导线)
    if(DirectValCount>0 && DistanceValCount>0)
    {
        long nUnknownPointCount=PointCount-KnownPointCount,nnn=nUnknownPointCount;
        do
        {
            nnn--;//控制循环,不出现死循环;最多循环数为未知点数
            for (int i = 0; i < PointCount; i++)
            {
                if (pPoint[i].Type == CugPoint::UnKnown) continue;
                long nKnownDirect = -1, n, *pAllDirect = SearchDirectByPoint
```

```
(n, pPoint + i);
                    if (n < 1) continue;
                    for (int j = 0; j < n; j++)
                    {
                        if (pDirectVal[pAllDirect[j]].pEnd->Type != CugPoint::
UnKnown)
                        {
                            nKnownDirect = j;
                            break;
                        }
                    }
                    if (nKnownDirect < 0)//没有已知方向
                    {
                        delete[] pAllDirect;
                        continue;
                    }
                    double dZeroAzimuth = CugAzimuth(pPoint[i].X, pPoint[i].Y,
pDirectVal[pAllDirect[nKnownDirect]].pEnd->X, pDirectVal[pAllDirect[nKnownDirect]].
pEnd->Y);
                    double dZeroDirect = CugDmsToRadian(pDirectVal[pAllDirect
[nKnownDirect]].Value);
                    for (int j = 0; j < n; j++)
                    {
                        if (pDirectVal[pAllDirect[j]].pEnd->Type != CugPoint::UnKnown)
                            continue;
                        long nDist = SearchDistance(pPoint + i, pDirectVal
[pAllDirect[j]].pEnd);
                        if (nDist < 0) continue;
                        double dAzimuth, dDirect = CugDmsToRadian(pDirectVal
[pAllDirect[j]].Value);
                        dAzimuth = dZeroAzimuth + dDirect - dZeroDirect;
                        pDirectVal[pAllDirect[j]].pEnd->X = pPoint[i].X
+pDistanceVal[nDist].Value * cos(dAzimuth);
                        pDirectVal[pAllDirect[j]].pEnd->Y = pPoint[i].Y
+pDistanceVal[nDist].Value * sin(dAzimuth);
                        pDirectVal[pAllDirect[j]].pEnd->Type = CugPoint::
Computed;
                        nUnknownPointCount--;
                    }
                    delete[] pAllDirect;
                }
        } while (nUnknownPointCount > 0 && nnn > 0);

        return nUnknownPointCount;
```

```
    }
    return 0;
}
```
查找边长观测值函数代码如下。
```
long CugPlainAdjust::SearchDistance(const CugPoint* p1, const CugPoint* p2)
{
    if (p1 == NULL || ::strlen(p1->Name) < 1 || p2 == NULL || ::strlen(p2->Name) < 1)
        return -1;
    for (long i = 0; i < DistanceValCount; i++)
    {
        if ((p1 == pDistanceVal[i].pBegin && p2 == pDistanceVal[i].pEnd) ||
            (p2 == pDistanceVal[i].pBegin && p1 == pDistanceVal[i].pEnd))
            return i;
    }
    return -1;
}
```
查找同一测站的方向观测值函数代码如下。
```
long* CugPlainAdjust::SearchDirectByPoint(long& nCount, const CugPoint* p)
{
    nCount = 0;
    if (p == NULL || ::strlen(p->Name) < 1)
        return NULL;
    long* ret = new long[DirectValCount];
    for (long i = 0; i < DirectValCount; i++)
    {
        if (pDirectVal[i].pBegin == p)
            ret[nCount++] = i;
    }
    if (nCount > 0)
    {
        long* all = new long[nCount];
        for (long j = 0; j < nCount; j++)
            all[j] = ret[j];
        delete[] ret;
        return all;
    }
    delete[] ret;
    return NULL;
}
```

6.4.2 测角网

测角网一般布设为三角网的形式，观测值为三角形的每条边的方向值。根据已有的方向观测值和已知点坐标信息利用前方交会公式，计算待定点近似的坐标值，其算法流程如图 6.7 所示。

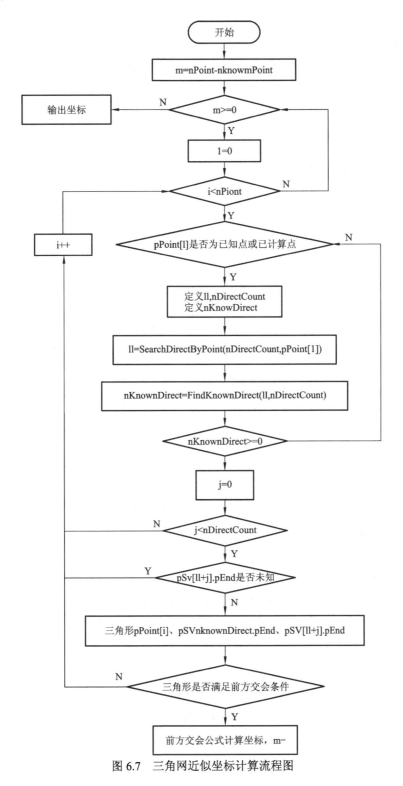

图 6.7　三角网近似坐标计算流程图

6.4.3 测边网

测边网与测角网一样，一般布设为三角网的形式，观测值为三角形的每条边的距离值。根据已有的距离观测值和已知点坐标信息，利用边长交会公式计算待定点近似的坐标值，其计算流程可仿照测角网的坐标推算流程，这里不再介绍。

6.5 平差处理

6.5.1 误差方程组成

计算出所有未知点的近似值，便可以计算出误差方程的系数矩阵和常数项。继续以图 6.5 为例来说明误差方程的构建。该图有两个观测值，其平差值与点 A 和 C 坐标平差值的函数关系式为

$$\begin{cases} \hat{b} = \tan^{-1} \dfrac{\hat{Y}_C - Y_A}{\hat{X}_C - X_A} - a \\ \hat{S}_{AC} = \sqrt{(\hat{Y}_C - Y_A)^2 - (\hat{X}_C - X_A)^2} \end{cases} \tag{6.9}$$

可以看到该方程并不是线性的，在计算系数矩阵和常数项时，需要先进行线性化，其中选择泰勒展开公式的一次偏导数为系数

$$\begin{cases} v_b = \rho'' \dfrac{\Delta X_{AC}}{S_{AC}^2} \delta_{y_C} - \rho'' \dfrac{\Delta Y_{AC}}{S_{AC}^2} \delta_{x_C} + l_b \\ v_{S_{AC}} = \dfrac{\Delta Y_{AC}^0}{S_{AC}^0} \delta_{y_C} + \dfrac{\Delta X_{AC}^0}{S_{AC}^0} \delta_{x_C} + l_S \end{cases} \tag{6.10}$$

式中：$\rho'' \approx 206\,264.806\,24$；$l_S = \sqrt{(\hat{Y}_C^0 - Y_A)^2 + (\hat{X}_C^0 - X_A)^2} - S_{AC}$。

以此类推便可以计算出误差方程的系数矩阵和常数项。

1. 误差方程

1）未知数组

设水平网中有 t 个点，坐标平差值分别为 $x_0, y_0, x_1, y_1, \cdots, x_{t-1}, y_{t-1}$，坐标近似值为 $x_0^0, y_0^0, x_1^0, y_1^0, \cdots, x_{t-1}^0, y_{t-1}^0$，坐标改正数为 $\xi_0, \eta_0, \xi_1, \eta_1, \cdots, \xi_{t-1}, \eta_{t-1}$，则

$$x_i = x_i^0 + \xi_i \tag{6.11}$$

$$y_i = y_i^0 + \eta_i \tag{6.12}$$

坐标的近似值在平差前已知，引入坐标近似值之后，未知参数转化为坐标的平差改正数 ξ_i, η_i。在水平网平差中，除坐标改正数外，方向值的定向角也是未知数，设全网共有 m 个方向组，各方向组的定向角为 $z_i (i = 0, 1, \cdots, m-1)$，定向角近似值为 z_i^0，定向角改正数为 $\mathrm{d}z_i$，则

$$z_i = z_i^0 + \mathrm{d}z_i \tag{6.13}$$

2）观测方向的误差方程

设 l_{ki} 为 k 点到 i 点的方向观测值，其误差方程为

$$v_{ki} = -\mathrm{d}z_k + a_{ki}\xi_k + b_{ki}\eta_k + a_{ik}\xi_i + b_{ik}\eta_i + l_{ki} \tag{6.14}$$

$$a_{ki} = \frac{y_k^0 - y_i^0}{s_{ki}^2}\rho'' \tag{6.15}$$

$$b_{ki} = -\frac{x_k^0 - x_i^0}{s_{ki}^2}\rho'' \tag{6.16}$$

$$l_{ki} = (T_{ki}^0 - L_{ki} - z_k^0)\rho'' \tag{6.17}$$

式中：v_{ki} 为方向值的平差改正数；$\mathrm{d}z_k$ 为定向角改正数；s_{ki} 为 k 点至 i 点的边长观测值；T_{ki}^0 为 k 点至 i 点方向的近似方位角，以坐标近似值计算；z_k 为第 k 组观测方向值的定向角；z_k^0 为定向角的近似值。

3）边长误差方程

设 s_{ki} 为 k 点到 i 点的边长观测值，其误差方程为

$$v_{s_{ki}} = c_{ki}\xi_k + d_{ki}\eta_k + c_{ik}\xi_i + d_{ik}\eta_i + l_{s_{ki}} \tag{6.18}$$

$$c_{ki} = \frac{x_k^0 - x_i^0}{s_{ki}^0} \tag{6.19}$$

$$d_{ki} = \frac{y_k^0 - y_i^0}{s_{ki}^0} \tag{6.20}$$

$$l_{s_{ki}} = s_{ki}^0 - s_{ki} \tag{6.21}$$

式中：s_{ki}^0 为 k、i 两点之间的近似边长，用近似坐标值反算；$v_{s_{ki}}$ 为边长的平差改正数。

4）方位角误差方程

设 T_{ki} 为 k 点到 i 点的方位角观测值，其误差方程为

$$v_{T_{ki}} = a_{ki}\xi_k + b_{ki}\eta_k + a_{ik}\xi_i + b_{ik}\eta_i + l_{T_{ki}} \tag{6.22}$$

$$a_{ki} = \frac{y_k^0 - y_i^0}{s_{ki}^2}\rho'' \tag{6.23}$$

$$b_{ki} = -\frac{x_k^0 - x_i^0}{s_{ki}^2}\rho'' \tag{6.24}$$

$$l_{ki} = (T_{ki}^0 - T_{ki})\rho'' \tag{6.25}$$

式中：$v_{T_{ki}}$ 为方位角的平差改正数；T_{ki}^0 为近似坐标值反算的近似方位角。

2. 算法设计

误差方程的构建，即相关矩阵的生成，包括系数矩阵 $\boldsymbol{B}$、常数矩阵 $\boldsymbol{L}$ 和权矩阵 $\boldsymbol{P}$，如图 6.8 所示。方向值、边长值与方位角三个观测值构成误差方程的元素相似，这里只介绍方向值构建误差方程的算法流程，如图 6.9 所示。

首先计算观测值总数为方向数、边长数与方位角数之和，即

nSVCount = DirectValCount + DistanceValCount + AzimuthValCount

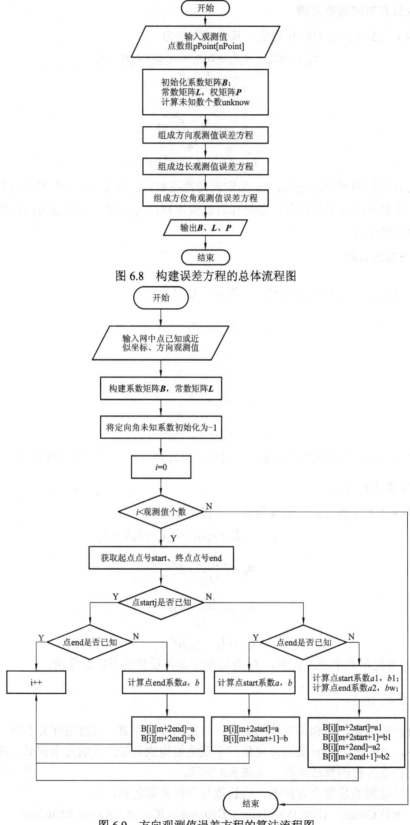

图 6.8　构建误差方程的总体流程图

图 6.9　方向观测值误差方程的算法流程图

然后计算未知数为两倍未知点数累加方向观测的测站数，即

$$nUnknown = (nPoint - nKnownPoint) \times 2 + nStationCount$$

最后确定系数矩阵 B、常数矩阵 L 和权矩阵 P 的行列数目，即可定义矩阵的存储空间。

（1）系数矩阵 B：（nSVCount, nUnknown）。

（2）常数矩阵 L：（nSVCount, 1）。

（3）权矩阵 P：（nSVCount, nSVCount）。

3. 代码设计

组成误差方程的 BuildErrorEquation 函数包含 CreateDirectErrorEqu 函数和 CalStationCount 函数，CreateDirectErrorEqu 函数用于组建方向观测值的误差方程，CalStationCount 函数用于计算方向观测值中测站数。

组成误差方程函数代码如下。

```
int CugPlainAdjust::BuildErrorEquation( )
{
    long nErrorEquIndex = 0, nUnknownPointCount = PointCount - KnownPointCount,
nErrorEqu = DirectValCount + DistanceValCount + AzimuthValCount;
    if (nUnknownPointCount < 1) return 1;
    if (nErrorEqu < 1) return 2;
    if (DirectValCount > 0) nErrorEqu += CalStationCount( );   //方向观测的
测站增加一条和方程
    InitErrorEquationPara(nErrorEqu, nUnknownPointCount * 2);
    //调用组建方向误差方程函数
    if (DirectValCount > 0)
        CreateDirectErrorEqu(nErrorEquIndex);
    //调用组建距离误差方程函数
    if (DistanceValCount > 0)
    {
        for (long i = 0; i < DistanceValCount; i++)
        {
            if (pDistanceVal[i].pBegin == NULL || pDistanceVal[i].pEnd == NULL)
                continue;
            double ss, dx, dy, da, db;
            dx = pDistanceVal[i].pEnd->X - pDistanceVal[i].pBegin->X;
            dy = pDistanceVal[i].pEnd->Y - pDistanceVal[i].pBegin->Y;
            ss = sqrt(dx * dx + dy * dy);
            da = -dx / ss;
            db = -dy / ss;
            long nBeginIndex = GetPointIndex(pDistanceVal[i].pBegin) -
KnownPointCount,
                nEndIndex = GetPointIndex(pDistanceVal[i].pEnd) -
```

```
KnownPointCount;
            if (nBeginIndex >= 0)
            {
                mtB(nErrorEquIndex, 2 * nBeginIndex) = da;
                mtB(nErrorEquIndex, 2 * nBeginIndex + 1) = db;
            }
            if (nEndIndex >= 0)
            {
                mtB(nErrorEquIndex, 2 * nEndIndex) = -da;
                mtB(nErrorEquIndex, 2 * nEndIndex + 1) = -db;
            }
            if (nBeginIndex >= 0 || nEndIndex >= 0)
            {
                mtP(nErrorEquIndex, nErrorEquIndex) = 1;          //权
                mtL(nErrorEquIndex, 0) = ss - pDistanceVal[i].Value;
            }
            nErrorEquIndex++;
        }
    }
    //调用组建方位角误差方程函数
    if (AzimuthValCount > 0)
    {
        for (long i = 0; i < AzimuthValCount; i++)
        {
            double dx, dy, da, db, dl, ss;
            if (pAzimuthVal[i].pBegin == NULL || pAzimuthVal[i].pEnd == NULL)
                continue;
            dx = pAzimuthVal[i].pEnd->X - pAzimuthVal[i].pBegin->X;
            dy = pAzimuthVal[i].pEnd->Y - pAzimuthVal[i].pBegin->Y;
            dl = CugAzimuth(pAzimuthVal[i].pBegin->X, pAzimuthVal[i].pBegin->Y,
pAzimuthVal[i].pEnd->X, pAzimuthVal[i].pEnd->Y);
            dl -= CugDmsToRadian(pAzimuthVal[i].Value);
            ss = dx * dx + dy * dy;
            da = -dx / ss;
            db = -dy / ss;
            long nBeginIndex = GetPointIndex(pDistanceVal[i].pBegin) -
KnownPointCount,nEndIndex = GetPointIndex(pDistanceVal[i].pEnd) - KnownPointCount;
            if (nBeginIndex >= 0)
            {
                mtB(nErrorEquIndex, 2 * nBeginIndex) = da;
```

```
                mtB(nErrorEquIndex, 2 * nBeginIndex + 1) = db;
            }
            if (nEndIndex >= 0)
            {
                mtB(nErrorEquIndex, 2 * nEndIndex) = -da;
                mtB(nErrorEquIndex, 2 * nEndIndex + 1) = -db;
            }
            if (nBeginIndex >= 0 || nEndIndex >= 0)
            {
                mtP(nErrorEquIndex, nErrorEquIndex) = 1;          //权
                mtL(nErrorEquIndex, 0) = dl;
            }
            nErrorEquIndex++;
        }
    }
    CUGASSERT(nErrorEquIndex == nErrorEqu);
    return 0;
}
```

组成方向误差方程函数代码如下。

```
int CugPlainAdjust::CreateDirectErrorEqu(long& nErrorEquIndex)
{
    for (int i = 0; i < PointCount; i++)
    {
        long n, *pAllDirect = SearchDirectByPoint(n, pPoint + i), iSumEquationIndex;
        if (n < 1) continue;
        iSumEquationIndex = nErrorEquIndex++;                    //增加一条和方程
        mtP(iSumEquationIndex, iSumEquationIndex) = 1.0/n; //权和方程的权
        double dZeroDirect, dZeroFwj;
        for (int j = 0; j < n; j++)
        {
            CUGASSERT (pDirectVal[pAllDirect[j]].pEnd != NULL);
            double L, ss, dx, dy, T, da, db, dValue;
            dValue = CugDmsToRadian(pDirectVal[pAllDirect[j]].Value);
            dx = pDirectVal[pAllDirect[j]].pEnd->X - pPoint[i].X;
            dy = pDirectVal[pAllDirect[j]].pEnd->Y - pPoint[i].Y;
            ss = dx * dx + dy * dy;
            da = dy / ss;
            db = -dx / ss;
            T = CugAzimuth(pPoint[i].X, pPoint[i].Y, pDirectVal
[pAllDirect[j]].pEnd->X, pDirectVal[pAllDirect[j]].pEnd->Y);
```

```
                if (j == 0)          //第一次出现为零方向
                {
                    dZeroDirect = dValue;
                    dZeroFwj = T;
                }
                L = dZeroFwj + dValue - dZeroDirect;
                if (L > 2 * PI) L -= 2 * PI;
                if (L < 0) L += 2 * PI;
                L = T - L;             //常数项
                long nBeginIndex = GetPointIndex(pDistanceVal[i].pBegin) -
KnownPointCount,
                    nEndIndex = GetPointIndex(pDistanceVal[i].pEnd) -
KnownPointCount;
                if (nBeginIndex >= 0)
                {
                    mtB(nErrorEquIndex, 2 * nBeginIndex) = da;
                    mtB(nErrorEquIndex, 2 * nBeginIndex + 1) = db;
                    mtB(iSumEquationIndex, 2 * nBeginIndex) += da;
                    mtB(iSumEquationIndex, 2 * nBeginIndex + 1) += db;
                }
                if (nEndIndex >= 0)
                {
                    mtB(nErrorEquIndex, 2 * nEndIndex) = -da;
                    mtB(nErrorEquIndex, 2 * nEndIndex + 1) = -db;

                    mtB(iSumEquationIndex, 2 * nEndIndex) = -da;
                    mtB(iSumEquationIndex, 2 * nEndIndex + 1) = -db;
                }
                if (nBeginIndex >= 0 || nEndIndex >= 0)
                {
                    mtP(nErrorEquIndex, nErrorEquIndex) = 1;    //权
                    mtL(nErrorEquIndex, 0) = L;

                    mtL(iSumEquationIndex, 0) += L;
                }
                nErrorEquIndex++;
            }
            delete[] pAllDirect;
        }
        return 0;
```

```
}
```
获取方向观测值的测站数函数代码如下。

```
long CugPlainAdjust::CalStationCount( )
{
    long nStaCount = 0;
    for (int i = 0; i < PointCount; i++)
    {
        long n, *pAllDirect = SearchDirectByPoint(n, pPoint + i);
        if (n < 1) continue;
        delete[] pAllDirect;
        nStaCount++;
    }
    return nStaCount;
}
```

6.5.2　平差处理过程

在计算出误差方程的系数矩阵和常数项之后，根据观测精度来构建方差协方差矩阵，由于导线网一般都是包含两种及以上观测数据类型，所构建的方差协方差矩阵需要带上单位，不同观测值类型构建的协因数和权也需带上单位。然后根据式（6.4）计算出各点的平面坐标平差值的改正数，从而计算出各点的坐标平差值，由式（6.5）和式（6.6）计算出单位权中误差，结合方差协方差矩阵进一步求得协因数阵和权矩阵。

平差处理函数源代码如下。

```
void CugPlainAdjust::Cal_dXY( )
{
    Nbb = mtB.Trans( ) * mtP * mtB;
    W = mtB.Trans( ) * mtP *mtL;
    Matrix dXY = Nbb.Inverse( ) * W;
    for (int i = KnownPointCount, j = 0; i < PointCount; i++, j+= 2)
    {
        pPoint[i].dX = dXY(j, 0);
        pPoint[i].dY = dXY(j + 1, 0);
        pPoint[i].X += pPoint[i].dX;
        pPoint[i].Y += pPoint[i].dY;
    }
    v = mtB * Nbb.Inverse( ) * W - mtL;
    Matrix temp=v.Trans( )* mtP* v / (mtB.getRowNum( ) - mtB.getColNum( ));
    a0 = sqrt(temp(0, 0)); //验后单位权中误差
    Qxx = Nbb.Inverse( );
    Dxx = a0 * a0 * Qxx;
}
```

6.5.3 误差椭圆绘制

由平差计算得到单位权中误差 $\hat{\sigma}_0$ 和每个未知点平面坐标分量的协因数阵 Q_{xx}，可计算出每个未知点点位误差的极大值和极小值，分别如式（6.26）和式（6.27）所示。

$$\hat{E} = \hat{\sigma}_0 \sqrt{\frac{1}{2}(Q_{xx} + Q_{yy} + K)} \tag{6.26}$$

$$\hat{F} = \hat{\sigma}_0 \sqrt{\frac{1}{2}(Q_{xx} + Q_{yy} - K)} \tag{6.27}$$

式中

$$K = \sqrt{(Q_{xx} - Q_{yy})^2 + 4Q_{xy}^2} \tag{6.28}$$

$\hat{E}$ 和 $\hat{F}$ 也分别是点位误差椭圆的长半轴和短半轴，其长半轴的方向为

$$\begin{cases} \varphi_E = \tan^{-1} \dfrac{\sqrt{\dfrac{1}{2}(Q_{xx} + Q_{yy} - K)} - Q_{xx}}{Q_{xy}} \\ \varphi_E' = \varphi_E \pm 180° \end{cases} \tag{6.29}$$

短半轴方向与长半轴方向垂直，也可以用该式计算 $\tan\varphi_F = \dfrac{Q_{FF} - Q_{xx}}{Q_{xy}}$。

点位误差椭圆计算主要由 ErrorEllipse 函数完成，该函数逐点计算并向结果文件输出误差椭圆元素。第 i 点 x 坐标中误差的平方，是法方程逆矩阵的第 $2i$ 行、第 $2i$ 列的元素与单位权中误差平方的乘积；第 i 号点 y 坐标中误差的平方，是法方程逆矩阵的第 $2i+1$ 行、第 $2i+1$ 列的元素与单位权中误差平方的乘积；第 i 点的 x 坐标与 y 坐标的协方差，是法方程逆矩阵的第 $2i$ 行、第 $2i+1$ 列的元素与单位权中误差平方的乘积。

计算误差椭圆函数源代码如下。

```
void CugPlainAdjust::ErrorEllipse( )
{
    double m2 = a0 * a0;
    cout << "=== 点位误差椭圆 ===" << endl;
    cout << "点名  椭圆长半轴  椭圆短半轴  长轴方位角\n";
    for (int i = KnownPointCount ; i < PointCount; i++)
    {
        double mx2 = Qxx(2 * i, 2 * i) * m2;          //x 坐标中误差的平方
        double my2 = Qxx(2 * i+1, 2 * i+1) * m2;      //y 坐标中误差的平方
        double mxy = Qxx(2 * i, 2 * i+1) * m2;        //x 坐标与 y 坐标的协方差
        if (sqrt(mx2 + my2) < 0.0001)continue;
        double K = sqrt((mx2 - my2) * (mx2 - my2) + 4.0 * mxy * mxy);
        double E = sqrt(0.5 * (mx2 + mxy + K));        //长轴
        double F = sqrt(0.5 * (mx2 + mxy - K));        //短轴
        double A;                                      //误差椭圆长轴的方位角
```

```
if (fabs(mxy) < 1.0e-14) //mxy=0
{
    if (mx2 > my2)A = 0.0;
    else A = 0.5 * PI;
}
else
{
    A = atan((E * E - mx2)/mxy);
}
if (A < 0.0)A += PI;
cout<<pPoint[i].Name<<""<<E<<""<<F<<""<<CugRadianToDms(A)<<endl;
    }
}
```

6.6 示　　例

以图 6.2 所示的导线网为例，平差后的结果以文件的形式进行保存。坐标平差值的平差结果如图 6.10 所示，其中第 1 列表示点名，第 2 列、第 3 列分别表示平差后的 x, y 坐标值，第 4～6 列分别表示该点的 x 坐标平差值中误差、y 坐标平差值中误差和该点的点位中误差。边长观测值平差结果如图 6.11 所示，其中第 1 列和第 2 列分别表示边长观测值的起点和终点，第 3 列表示边长观测值的平差值，第 4 列表示改正数。方向观测值平差结果如图 6.12 所示，其中第 1 列、第 2 列分别表示方向观测值的起点和终点，第 3 列表示方向观测值的平差值，第 4 列表示改正数。

```
A  5597223.904   19481274.021   0.000   0.000   0.000
B  5621551.511   19484511.781   0.000   0.000   0.000
C  5600005.995   19517454.956   0.000   0.000   0.000
6  5590111.926   19492384.386   0.033   0.022   0.039
4  5617317.808   19496640.287   0.039   0.022   0.045
5  5603953.684   19495169.890   0.031   0.038   0.049
1  5614320.836   19511883.110   0.024   0.028   0.037
3  5588898.325   19508504.034   0.022   0.021   0.031
2  5601323.180   19505870.072   0.027   0.034   0.043
```
图 6.10　坐标平差值的平差结果

```
1  4   15534.6522      0.0031
1  C   15360.9913      0.0030
2  3   12700.9675      0.0076
2  5   11018.7723      0.0054
3  6   16165.2826     -0.0150
3  C   14265.3244     -0.0050
4  B   12846.1986      0.0025
5  B   20573.7224      0.0175
6  A   13191.6926     -0.0120
```
图 6.11　边长观测值的平差结果

```
A   B      0.000008     0.000008
A   6   115.023567    -0.000008
B   4     -0.000006    -0.000006
B   5    39.332247     0.000047
B   A    78.201803    -0.000042
C   1      0.000019     0.000019
C   3   240.075091    -0.000019
1   4      0.000051     0.000051
1   C   237.363255    -0.000051
2   3     -0.000011    -0.000011
2   5   115.464970     0.000011
3   2      0.000129     0.000129
3   C    50.495643    -0.000046
3   6   286.162957    -0.000083
4   1     -0.000022    -0.000022
4   B   188.070895     0.000022
5   2      0.000078     0.000078
5   B   224.591503    -0.000078
6   A      0.000029     0.000029
6   3   151.405314    -0.000029
```

图 6.12 方向观测值的平差结果

第7章　GNSS 向量网平差

以全球定位系统（global positioning system，GPS）、北斗卫星导航系统等为代表的全球导航卫星系统（global navigation satellite system，GNSS）技术已广泛应用于各项测量工作中，其中一项重要的工作就是利用 GNSS 静态测量确定各测站的精确坐标。相关的数据处理部分主要包括基线解算和 GNSS 向量网平差两个方面。基线解算通过 GNSS 观测值和对应的星历文件解算出 GNSS 网中点与点的相对位置关系，即 GNSS 基线，但是无法确定 GNSS 网中各点的绝对坐标。GNSS 向量网平差以解算得到的 GNSS 基线为基础，通过平差计算消除由解算基线与已知基线间存在的误差引起的 GNSS 网在几何上的矛盾，并评定 GNSS 网的观测精度。同时，通过在 GNSS 网中引入点坐标等绝对基准，从而确定 GNSS 网中待定点在指定参照系下的坐标及其他参数的估值。

本章主要介绍 GNSS 基线向量网平差的程序设计，具体包括：GNSS 向量网平差的数学模型、随机模型、GNSS 向量文件的格式与结构，GNSS 向量网平差的详细过程，以及 GNSS 向量网平差的具体实例。

7.1　数　学　模　型

GNSS 基线向量是三维向量数据，表示各点之间的三维坐标增量，对应的误差方程为

$$V = \begin{bmatrix} x_{i1} \\ y_{i1} \\ z_{i1} \end{bmatrix} - \begin{bmatrix} x_{i2} \\ y_{i2} \\ z_{i2} \end{bmatrix} - \begin{bmatrix} \Delta x_i \\ \Delta y_i \\ \Delta z_i \end{bmatrix} \tag{7.1}$$

设每一个 GNSS 网中的坐标为 $[x_i \quad y_i \quad z_i]^T$，每一个坐标分量可用近似值和参数改正数表示为 $x_i = x_i^0 + \delta_{xi}$，代入式（7.1）可转化为

$$V = \begin{bmatrix} \delta_{x_{i1}} \\ \delta_{y_{i1}} \\ \delta_{z_{i1}} \end{bmatrix} - \begin{bmatrix} \delta_{x_{i2}} \\ \delta_{y_{i2}} \\ \delta_{z_{i2}} \end{bmatrix} - \begin{bmatrix} x_{i2}^0 - x_{i1}^0 + \Delta x_i \\ y_{i2}^0 - y_{i1}^0 + \Delta y_i \\ z_{i2}^0 - z_{i1}^0 + \Delta z_i \end{bmatrix} \tag{7.2}$$

将式（7.2）用矩阵形式表示为

$$V = B\delta_x - l \tag{7.3}$$

根据最小二乘原理 $V^T PV = \min$，则式（7.3）的拉格朗日极值为

$$B^T PB\delta_x - B^T Pl = 0 \tag{7.4}$$

令 $N_{BB} = B^T PB$，则式（7.4）可以表示为

$$N_{BB}\delta_x - B^T Pl = 0 \tag{7.5}$$

$$\delta_x = N_{BB}^{-1} B^T Pl \tag{7.6}$$

GNSS 向量观测值的改正数

$$V = BN_{BB}^{-1}B^{\mathrm{T}}Pl - l \tag{7.7}$$

单位权中误差为

$$\sigma_0 = \sqrt{\frac{V^{\mathrm{T}}PV}{3(n-q)}} \tag{7.8}$$

式中：n 为总点数，q 为已知点数。

7.2　GNSS 向量网平差类设计

7.2.1　CugGNSSVecAdj 类定义

```
class CugGNSSVecAdj
{
public:
    CugGNSSVecAdj( );
    virtual ~ CugGNSSVecAdj( );
    FILE *resultfp
    int Anumber;          //向量组个数
    int Pnumber;          //总点数
    int Vnumber;          //向量个数
    int unPnumber;        //未知点数
    double *XYZ;          //坐标数组
    char **Pname;         //点名指针数组
    bool *IsKnown;        //已知点标志数组
    int *dir0;            //各组首向量在观测值中的序号
    int *dir1,*dir2;      //端点号
    double *L;            //观测向量
    double *ATPA,*ATPL;
    double Sigma;         //单位权中误差
    double **P;           //权阵数组
    double *QV;           //残差权倒数
    double *V;            //残差
    double *PV;
    double *W;            //权因子
    double *KnownXYZ;     //已知点坐标
    int *KnownPoint;      //已知点坐标对应的点号
    int *AreaNumber;      //各向量组对应的编号
public:
```

```
        bool InputData(char * DataFile);                        //输入原始数据
        bool InputKnownXYZ(char * file,bool corelated);         //输入已知点坐标
        void PrintData( );                                      //打印原始数据
        void PrintXYZ( );                                       //打印平差坐标
        void PrintLV(char*Title,double*LV);                     //打印观测值和残差
        void LeastSquares( );                                   //最小二乘平差计算
    private:
        void CaATPA( );                                         //组成法方程
        void CaATPAi(int n,double *dir1,int *dir2,double *Pi,double *L);
        //一个向量组内的法方程
        void Known( );                                          //已知点处理函数
        void CalV(double V[]);                                  //计算残差
        double Ca_dX(bool IsPrint);                             //解法方程
        int GetStationNumber(char*buf);                         //保存点名,返回点号
    }
```

7.2.2　协因数阵 CugCovariance 类定义

```
class CugCovariance
{
    public:
        double *CovD;       //向量坐标增量协方差矩阵
        double *CovDi;      //各向量组内的坐标增量的协方差矩阵
        void Cal_Q( );      //计算协因数
}
```

7.2.3　误差方程 CugErrorEQ 类定义

```
class CugErrorEQ
{
    public:
        void Cal_B( );              //计算系数矩阵
        void Cal_Bi( );             //计算单个向量的系数
        double Vector_XYZ;          //向量坐标增量数组
        double VectorCorrection;    //向量坐标增量改正数
        double PointCorrection;     //坐标改正数
        void ATPL( );               //计算常数项
    }
```

7.2.4 法方程 CugNormEQ 类定义

```
class CugNormEQ
{
    public:
        void Cal_Nbb( );
        void ATPL( ); //计算常数项
}
```

7.2.5 精度评定 CugAccuracy 类定义

```
class CugAccuracy
{
    public:
        double RequireNumber;    //必要观测数
        void Cal_Sigma( );       //计算单位权中误差
}
```

7.2.6 结果输出 CugResOutput 类定义

```
class CugResOutput
{
public:
    void Rusult( );          //构建结果文件
    char Path;               //文件保存路径
    void Resultsave( );      //数据保存
}
```

7.3   程序流程图

本节将介绍 GNSS 向量网平差程序的流程设计,主要包括如图 7.1 所示的几个步骤:
①程序读入 GNSS 向量网数据,获取已知点信息,并组成观测值矩阵及对应的协方差矩阵;
②计算未知点的近似坐标矩阵;③根据输入 GNSS 向量网的几何信息,构建误差方程的系数矩阵 B 和常数项矩阵 L;④根据最小二乘算法计算出未知点的坐标改正数矩阵、向量观测值的改正数矩阵及单位权中误差;⑤计算出未知点平差后的坐标及点位误差;⑥输出未知点的平差后坐标及点位误差。

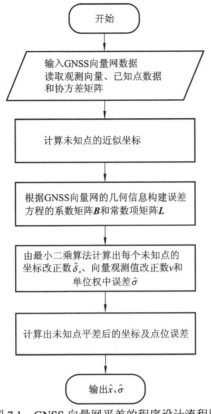

图 7.1　GNSS 向量网平差的程序设计流程图

7.4　数据文件格式及导入

7.4.1　数据文件格式

本程序采用的基线向量观测文件格式如图 7.2 所示。该 GNSS 基线向量数据采用分组记录形式，将同时段观测数据解算得到的向量作为一个向量组，同时段的基线向量为相关观测，不同时段的基线向量为独立观测。该文件格式总体分为两个部分：前一部分为基线向量的总体信息；后一部分为具体的向量数据。

基线向量总体信息的部分内容记录在文件的第一行，包括 GNSS 点的个数、向量组个数和基线向量个数。基线向量总体信息的余下内容的行数由 GNSS 点的个数确定，每一行记录各点的点名、近似（或精确）坐标及点类型标识。对于已知点，列出其点位的精确坐标，并将标识符设为 1，而对于待求点，列出其点位的近似坐标，并将标识符设为 0。

向量数据部分采用分组记录形式，每一组数据包含三个部分：第一部分记录向量组编号和该组向量个数；第二部分记录基线向量的起始点和终止点的点号，以及对应的三个坐标分量的增量；第三部分记录各点坐标分量之间的协方差矩阵，由于该矩阵为对称矩阵，只记录其下三角矩阵，其中第一列为列序号，余下为下三角矩阵各元素的具体数值。

```
              6        6          17
A    -2703200.781    4678971.017      3376976.804      1
B    -2700177.634    4681527.96       3375839.604      0
C    -2700962.679    4677908.554      3380169.592      0
D    -2699182.707    4680027.057      3378669.133      0
E    -2696225.531    4683062.639      3376832.818      1
F    -2697018.653    4684079.958      3374834.172      0
1    3
              E        D        -2957.1626       -3035.5797       1836.3436
              E        B        -3952.0795       -1534.7029       -993.221
              E        F        -793.1314        1017.3047        -1998.6612
1    7.85E-05
2    -2.47E-051.19E-03
3    -2.49E-057.62E-04 5.86E-04
4    2.15E-05 6.43E-06 1.46E-04 3.73E-05
5    3.06E-06 4.61E-04 3.51E-04 3.38E-05 9.18E-04
6    7.42E-06 3.46E-04 2.95E-04 2.48E-05 6.89E-04 5.80E-04
7    2.21E-05 5.30E-06 -1.83E-062.07E-05 9.94E-06 7.28E-06 4.64E-05
8    -1.05E-064.63E-04 3.54E-04 8.88E-06 4.66E-04 3.52E-05 5.98E-05 9.62E-04
9    1.15044E-05            3.40E-04 2.91E-04 7.13E-06 3.52E-04 3.01E-04 4.58E-05 7.13E-04 5.99E-04
2    3
              B        F        3158.9599        2552.0255        -1005.419
              B        E        3952.0925        1534.7129        993.223
              B        D        994.9456 -1500.8996          2829.5698
1    5.34E-05
2    -1.68E-058.10E-04
3    -1.69E-055.18E-04 3.98E-04
4    1.46E-05 4.37E-06 9.95E-07 2.54E-05
5    2.08E-06 3.13E-04 2.39E-04 2.30E-05 6.24E-04
6    5.04E-06 2.35E-04 2.01E-04 1.69E-05 2.80E-01 3.94E-04
7    1.50E-05 3.60E-06 -1.24E-061.41E-05 6.76E-06 4.95E-06 3.16E-05
```

图 7.2   GNSS 基线向量文件

7.4.2   数据导入

数据导入需要根据 GNSS 向量的数据格式来完成，即该文件格式各个部分的行数可由数据记录的数值来确定。首先读取该数据第一行，确定需要读取的 GNSS 点的个数、向量组个数和向量个数。由于向量网中各点的近似（或精确）坐标各占一行，可依据 GNSS 点的个数确定需要读取各点近似（或精确）坐标的行数，以及对应向量数据部分的起始行。

近似（或精确）坐标读取之后，根据每个向量组的向量个数和协方差矩阵的行列个数，读取对应的向量数据。其具体实现过程为：首先读取第一个向量组的第一行，确定该向量组的编号和该组向量个数，然后依据向量组个数确定该组中向量坐标增量数据和协方差矩阵所占据的行数，并计算出下一组数据的起始行在整个文件中的位置。例如，设第一个向量组数据的起始行为 n，该组中的向量个数为 m，那么向量数据在第 $n+1$ 行到 $n+m$ 行，协方差矩阵数据在第 $n+m+1$ 行到 $n+m+1+3m$ 行，下一个向量组起始行为 $n+m+1+3m+1$。余下各向量组依次递推，完成对所有数据的导入。

```
void readGPSnet(data_path)
{
    int vrows;                //向量组序号在全文中的行数
    int vgrows;               //向量观测值在全文中的行数
    int covrows;              //协方差矩阵所占的行数
    void structMatrix( );     //组建向量组文件和协方差矩阵
}
```

7.5 示 例

本节以实测数据为基础，对实测数据按照数据导入、组建误差方程、平差计算、精度评定等步骤进行处理，以介绍 GNSS 基线向量处理的流程。

7.5.1 同步环

本小节采用常见的大地四边形为例，其网型如图 7.3 所示。在该实例中，A 点为坐标已知点，点 B、C 和 D 为坐标待求点，4 点同步观测，共形成 6 条基线向量。由基线解算步骤可得到 6 条基线向量观测数据和对应的协方差矩阵。由于该网型为同步环，由输入数据格式要求可知，输入数据文件中只包含一个向量组，对应的基线向量的协方差矩阵为 18 阶方阵。

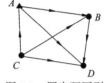

图 7.3 同步环网型

基线解算得到的同步环中各待定点近似坐标和已知点的精确坐标见表 7.1。基线向量的观测总数为 18，必要观测数为 9，可确定该 GNSS 向量组成的误差方程的系数阵行列数，然后按照向量间的相关关系构建误差方程，进行平差计算得到平差结果。

表 7.1　同步环中各待定点的近似坐标和已知点的精确坐标

点号	x/m	y/m	z/m	标识符
A	−2 280 873.616	5 044 636.406	3 156 445.674	1
B	−2 281 388.022	5 044 565.527	3 156 188.486	0
C	−2 280 897.714	5 044 843.458	3 156 094.361	0
D	−2 281 282.638	5 044 863.901	3 155 763.232	0

该同步环网型计算得到的点位改正数与平差后点位坐标见表 7.2，对应的点位误差椭圆参数见表 7.3。

表 7.2　同步环网型中各点的平差结果

点号	x 坐标/m	x 坐标改正数/m	y 坐标/m	y 坐标改正数/m	z 坐标/m	z 坐标改正数/m
A	−2 280 873.616	0.000	5 044 636.406	0.000	3 156 445.674	0.000
B	−2 281 388.058	−0.036	5 044 565.481	−0.046	3 156 188.441	−0.044
C	−2 280 897.547	0.166	5 044 843.371	−0.087	3 156 094.478	0.117
D	−2 281 282.676	−0.038	5 044 863.854	−0.047	3 155 763.188	−0.044

表 7.3　同步环网型中各待求点的点位误差椭圆参数

点号	短半轴/m	长半轴/m	方位角
B	0.000 533	0.000 584	82°28′39.03645″
C	0.000 410	0.000 731	52°19′00.97778″
D	0.000 325	0.000 473	63°56′23.57433″

7.5.2 异步环

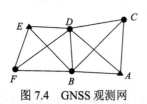

图 7.4 GNSS 观测网

本小节采用的 GNSS 网型如图 7.4 所示，该网有 2 个已知点 *A* 和 *E*，4 个未知点 *B*、*C*、*D* 和 *F*。此网采用边连接，*BD* 为公共边，共有两个同步环 *BDEF* 和 *ABDC*。在该 GNSS 网形成的 GNSS 向量文件中，共记录了 17 条基线向量，其中必要观测数为 12，待求点的近似坐标及已知点的精确坐标见表 7.4。基线向量为三维坐标增量数据，故 17 个基线向量形成 51 个误差方程，并由各基线的相关关系确定误差方程的系数阵，以及对应的方差协方差矩阵。然后依据各向量间的增量关系计算出误差方程的常数项，从而构建误差方程。再由方差协方差矩阵计算出协因数阵和权阵，建立法方程，进一步根据最小二乘估计，计算出各点的坐标分量改正数，进而计算出向量增量的改正数和各点的平差值。

表 7.4　GNSS 观测网中各点的近似（精确）坐标

点号	x 坐标/m	y 坐标/m	z 坐标/m	点标识符
A	−2 703 200.781	4 678 971.017	3 376 976.804	1
B	−2 700 177.634	4 681 527.96	3 375 839.604	0
C	−2 700 962.679	4 677 908.554	3 380 169.592	0
D	−2 699 182.707	4 680 027.057	3 378 669.133	0
E	−2 696 225.531	4 683 062.639	3 376 832.818	1
F	−2 697 018.653	4 684 079.958	3 374 834.172	0

由该异步环中 GNSS 基线向量文件解算得到各点点位坐标分量改正数和平差值，见表 7.5，平差后的单位权中误差为 0.000 791 m，对应的待求点点位误差椭圆参数见表 7.6。

表 7.5　GNSS 观测网中各点的坐标改正数与平差值

点号	x 坐标/m	x 坐标改正数/m	y 坐标/m	y 坐标改正数/m	z 坐标/m	z 坐标改正数/m
A	−2 703 200.781	0.000	4 678 971.017	0.000	3 376 976.804	0.000
B	−2 700 177.649	−0.016	4 681 527.971	0.012	3 375 839.604	0.001
C	−2 700 962.711	−0.032	4 677 908.529	−0.024	3 380 169.584	−0.008
D	−2 699 182.731	−0.024	4 680 027.062	0.005	3 378 669.097	−0.037
E	−2 696 225.531	0.000	4 683 062.639	0.000	3 376 832.818	0.000
F	−2 697 018.637	0.016	4 684 079.917	−0.041	3 374 834.132	−0.040

表 7.6　GNSS 观测网中待求点的点位误差椭圆参数

点号	长半轴/m	短半轴/m	方位角
B	0.000 177 12	0.000 013 79	166°0′59.6055″
C	0.000 229 19	0.000 056 71	126°56′56.1456″
D	0.000 213 73	0.000 039 14	147°33′45.2842″
F	0.000 221 15	0.000 047 70	151°1′25.8271″

第8章　摄影测量数据处理

摄影测量学是通过影像研究信息的获取、处理、提取和成果表达的一门信息科学。传统的摄影测量学是利用光学摄影机摄得的影像，研究和确定被摄物体的形状、大小、性质和相互关系的一门科学与技术。它的内容包括：获取被研究物体的影像，单张和多张像片处理的理论、方法、设备和技术，以及将所测得的成果如何用图形、图像或数字表示。本章主要介绍单像空间后方交会、空间前方交会、相对定向、绝对定向及影像匹配等相关内容。

8.1　单像空间后方交会

8.1.1　单像空间后方交会原理

空间后方交会就是利用地面控制点的已知坐标值反求像片外方位元素。所采用的公式为共线条件方程式：

$$\begin{cases} x = -f \dfrac{a_1(X-X_S)+b_1(Y-Y_S)+c_1(Z-Z_S)}{a_3(X-X_S)+b_3(Y-Y_S)+c_3(Z-Z_S)} \\[3mm] y = -f \dfrac{a_2(X-X_S)+b_2(Y-Y_S)+c_2(Z-Z_S)}{a_3(X-X_S)+b_3(Y-Y_S)+c_3(Z-Z_S)} \end{cases} \tag{8.1}$$

式（8.1）是非线性函数，为了便于计算，需要按照泰勒级数展开，取到一次项，使之线性化。

$$\begin{cases} x = F_{x_0} + \Delta F_x \\ y = F_{y_0} + \Delta F_y \end{cases} \tag{8.2}$$

式中：F_{x0} 和 F_{y0} 为将外方位元素的初始值 X_{S0}、Y_{S0}、Z_{S0}、φ_0、ω_0、κ_0 代入式（8.1）中所取得的数值，令 $F_{x0}=(x)$，$F_{y0}=(y)$，有

$$\begin{cases} \Delta F_x = \dfrac{\partial x}{\partial X_S}\Delta X_S + \dfrac{\partial x}{\partial Y_S}\Delta Y_S + \dfrac{\partial x}{\partial Z_S}\Delta Z_S + \dfrac{\partial x}{\partial \varphi}\Delta\varphi + \dfrac{\partial x}{\partial \omega}\Delta\omega + \dfrac{\partial x}{\partial \kappa}\Delta\kappa \\[3mm] \Delta F_y = \dfrac{\partial y}{\partial X_S}\Delta X_S + \dfrac{\partial y}{\partial Y_S}\Delta Y_S + \dfrac{\partial y}{\partial Z_S}\Delta Z_S + \dfrac{\partial y}{\partial \varphi}\Delta\varphi + \dfrac{\partial y}{\partial \omega}\Delta\omega + \dfrac{\partial y}{\partial \kappa}\Delta\kappa \end{cases} \tag{8.3}$$

式中：ΔX_S、ΔY_S、ΔZ_S、$\Delta\varphi$、$\Delta\omega$、$\Delta\kappa$ 是像片外方位元素各初始值的相应改正数，为待定未知数；$\dfrac{\partial x}{\partial X_S}$，…，$\dfrac{\partial y}{\partial \kappa}$ 为共线条件方程的偏导数，是函数线性化的关键。

对于每一个已知控制点，把量测出的并经系统误差改正后的像点坐标(x, y)和相应点的地面坐标(X, Y, Z)代入式（8.2）就能列出两个方程式。每个方程式中有 6 个待定改正值，若像片内有 3 个已知地面坐标控制点，则可列出 6 个方程式，解求出 6 个改正值 ΔX_S、ΔY_S、

ΔZ_S、$\Delta \varphi$、$\Delta \omega$、$\Delta \kappa$。这一求解过程需要反复趋近，直至改正值小于某一限值为止。最后得出 6 个外方位元素为

$$\begin{cases} X_S = X_{S_0} + \Delta X_{S_1} + \Delta X_{S_2} + \cdots \\ Y_S = Y_{S_0} + \Delta Y_{S_1} + \Delta Y_{S_2} + \cdots \\ Z_S = Z_{S_0} + \Delta Z_{S_1} + \Delta Z_{S_2} + \cdots \\ \varphi = \varphi_0 + \Delta \varphi_1 + \Delta \varphi_2 + \cdots \\ \omega = \omega_0 + \Delta \omega_1 + \Delta \omega_2 + \cdots \\ \kappa = \varphi_0 + \Delta \kappa_1 + \Delta \kappa_2 + \cdots \end{cases} \tag{8.4}$$

当像幅内有多余控制点时，应依最小二乘法平差计算。此时像点的坐标(x, y)作为观测值看待，加入相应的改正数 v_x 和 v_y，则可列出每个点坐标的误差方程式，一般形式为

$$\begin{cases} v_x = \dfrac{\partial x}{\partial X_S} \Delta X_S + \dfrac{\partial x}{\partial Y_S} \Delta Y_S + \dfrac{\partial x}{\partial Z_S} \Delta Z_S + \dfrac{\partial x}{\partial \varphi} \Delta \varphi + \dfrac{\partial x}{\partial \omega} \Delta \omega + \dfrac{\partial x}{\partial \kappa} \Delta \kappa + (x) - x \\ v_y = \dfrac{\partial y}{\partial X_S} \Delta X_S + \dfrac{\partial y}{\partial Y_S} \Delta Y_S + \dfrac{\partial y}{\partial Z_S} \Delta Z_S + \dfrac{\partial y}{\partial \varphi} \Delta \varphi + \dfrac{\partial y}{\partial \omega} \Delta \omega + \dfrac{\partial y}{\partial \kappa} \Delta \kappa + (y) - y \end{cases} \tag{8.5}$$

或写成

$$\begin{cases} v_x = a_{11} \Delta X_S + a_{12} \Delta Y_S + a_{13} \Delta Z_S + a_{14} \Delta \varphi + a_{15} \Delta \omega + a_{16} \Delta \kappa - l_x \\ v_y = a_{21} \Delta X_S + a_{22} \Delta Y_S + a_{23} \Delta Z_S + a_{24} \Delta \varphi + a_{25} \Delta \omega + a_{26} \Delta \kappa - l_y \end{cases} \tag{8.6}$$

式中：$l_x = x - (x)$，$l_y = y - (y)$；(x, y)为量测出的并经系统误差改正后的像点坐标；$((x)、(y))$为用初值按式（8.2）计算出来的像点坐标。

用矩阵形式可表示为

$$V = BX - L$$

式中

$$V = [v_x \quad v_y]^T$$

$$B = \begin{bmatrix} a_{11} & a_{12} & a_{13} & a_{14} & a_{15} & a_{16} \\ a_{21} & a_{22} & a_{23} & a_{24} & a_{25} & a_{26} \end{bmatrix}$$

$$X = [\Delta X_S \quad \Delta Y_S \quad \Delta Z_S \quad \Delta \varphi \quad \Delta \omega \quad \Delta \kappa]^T$$

$$L = [l_x \quad l_y]^T$$

根据误差方程式列出法方程：

$$B^T P B X - B^T P L = 0$$

所有像点坐标的观测值，一般认为都是等权的（P 为单位矩阵），则有

$$X = (B^T B)^{-1} B^T L$$

求出像片外方位元素初始值的改正数 ΔX_S、ΔY_S、ΔZ_S、$\Delta \varphi$、$\Delta \omega$ 和 $\Delta \kappa$，逐次趋近最后求出 6 个外方位 X_S、Y_S、Z_S、φ、ω 和 κ。

为了便于求误差方程式系数即函数的偏导数，式（8.1）右端的分子、分母引入下列符号：

$$\begin{cases} \overline{X} = a_1(X - X_S) + b_1(Y - Y_S) + c_1(Z - Z_S) \\ \overline{Y} = a_2(X - X_S) + b_2(Y - Y_S) + c_2(Z - Z_S) \\ \overline{Z} = a_3(X - X_S) + b_3(Y - Y_S) + c_3(Z - Z_S) \end{cases} \tag{8.7}$$

则式（8.1）可以写成：

$$\begin{cases} x = -f\dfrac{\overline{X}}{\overline{Z}} \\[3mm] y = -f\dfrac{\overline{Y}}{\overline{Z}} \end{cases}$$

则误差方程式（8.6）中各系数值为

$$a_{11} = \frac{\partial x}{\partial X_S} = \frac{\partial\left(-f\dfrac{\overline{X}}{\overline{Z}}\right)}{\partial X_S} = -f\left(-\frac{a_1}{\overline{Z}} - \frac{\overline{X}a_3}{\overline{Z}^2}\right) = \frac{1}{\overline{Z}}\left(a_1 f + a_3 f\frac{\overline{X}}{\overline{Z}}\right) = \frac{1}{\overline{Z}}\left(a_1 f + a_3 x\right)$$

按相似的步骤得出（以 v_x 为例）：

$$\begin{cases} a_{11} = \dfrac{\partial x}{\partial X_S} = \dfrac{1}{\overline{Z}}(a_1 f + a_3 x) \\[3mm] a_{12} = \dfrac{\partial x}{\partial Y_S} = \dfrac{1}{\overline{Z}}(b_1 f + b_3 x) \\[3mm] a_{13} = \dfrac{\partial x}{\partial Z_S} = \dfrac{1}{\overline{Z}}(c_1 f + c_3 x) \end{cases} \tag{8.8a}$$

而

$$\begin{cases} a_{14} = \dfrac{\partial x}{\partial \varphi} = -\dfrac{f}{\overline{Z}^2}\left(\dfrac{\partial \overline{X}}{\partial \varphi}\overline{Z} - \dfrac{\partial \overline{Z}}{\partial \varphi}\overline{X}\right) \\[3mm] a_{15} = \dfrac{\partial x}{\partial \omega} = -\dfrac{f}{\overline{Z}^2}\left(\dfrac{\partial \overline{X}}{\partial \omega}\overline{Z} - \dfrac{\partial \overline{Z}}{\partial \omega}\overline{X}\right) \\[3mm] a_{16} = \dfrac{\partial x}{\partial \kappa} = -\dfrac{f}{\overline{Z}^2}\left(\dfrac{\partial \overline{X}}{\partial \kappa}\overline{Z} - \dfrac{\partial \overline{Z}}{\partial \kappa}\overline{X}\right) \end{cases}$$

先导出对角元素的偏导：

$$\frac{\partial\begin{bmatrix}\overline{X}\\ \overline{Y}\\ \overline{Z}\end{bmatrix}}{\partial \varphi} = \boldsymbol{R}_\kappa^{\mathrm{T}}\boldsymbol{R}_\omega^{\mathrm{T}}\frac{\partial \boldsymbol{R}_\varphi^{\mathrm{T}}}{\partial \varphi}\begin{bmatrix}X-X_S\\ Y-Y_S\\ Z-Z_S\end{bmatrix} = \boldsymbol{R}^{\mathrm{T}}\boldsymbol{R}_\varphi\frac{\partial \boldsymbol{R}_\varphi^{\mathrm{T}}}{\partial \varphi}\begin{bmatrix}X-X_S\\ Y-Y_S\\ Z-Z_S\end{bmatrix} = \boldsymbol{R}^{\mathrm{T}}\boldsymbol{R}_\varphi\frac{\partial \boldsymbol{R}_\varphi^{\mathrm{T}}}{\partial \varphi}\boldsymbol{R}\boldsymbol{R}^{\mathrm{T}}\begin{bmatrix}X-X_S\\ Y-Y_S\\ Z-Z_S\end{bmatrix}$$

因为

$$\boldsymbol{R}_\varphi^{\mathrm{T}} = \begin{bmatrix} \cos\varphi & 0 & \sin\varphi \\ 0 & 1 & 0 \\ -\sin\varphi & 0 & \cos\varphi \end{bmatrix}$$

所以

$$\boldsymbol{R}_\varphi\frac{\partial \boldsymbol{R}_\varphi^{\mathrm{T}}}{\partial \varphi} = \begin{bmatrix} \cos\varphi & 0 & -\sin\varphi \\ 0 & 1 & 0 \\ \sin\varphi & 0 & \cos\varphi \end{bmatrix}\begin{bmatrix} -\sin\varphi & 0 & \cos\varphi \\ 0 & 0 & 0 \\ -\cos\varphi & 0 & -\sin\varphi \end{bmatrix} = \begin{bmatrix} 0 & 0 & 1 \\ 0 & 0 & 0 \\ -1 & 0 & 0 \end{bmatrix}$$

$$\frac{\partial(\overline{X}\ \overline{Y}\ \overline{Z})^{\mathrm{T}}}{\partial\varphi} = \begin{bmatrix} a_1 & b_1 & c_1 \\ a_2 & b_2 & c_2 \\ a_3 & b_3 & c_3 \end{bmatrix} \begin{bmatrix} 0 & 0 & 1 \\ 0 & 0 & 0 \\ -1 & 0 & 0 \end{bmatrix} \begin{bmatrix} a_1 & a_2 & a_3 \\ b_1 & b_2 & b_3 \\ c_1 & c_2 & c_3 \end{bmatrix} \begin{bmatrix} \overline{X} \\ \overline{Y} \\ \overline{Z} \end{bmatrix}$$

$$= \begin{bmatrix} 0 & -(c_1a_2-c_2a_1) & (c_3a_1-c_1a_3) \\ (c_1a_2-c_2a_1) & 0 & -(c_2a_3-c_3a_2) \\ -(c_3a_1-c_1a_3) & (c_2a_3-c_3a_2) & 0 \end{bmatrix} \begin{bmatrix} \overline{X} \\ \overline{Y} \\ \overline{Z} \end{bmatrix}$$

$$= \begin{bmatrix} 0 & -b_3 & b_2 \\ b_3 & 0 & -b_1 \\ -b_2 & b_1 & 0 \end{bmatrix} \begin{bmatrix} \overline{X} \\ \overline{Y} \\ \overline{Z} \end{bmatrix} (c_3a_1-c_1a_3)$$

$= [\cos\varphi\cos\omega(\cos\varphi\cos\kappa-\sin\varphi\sin\omega\sin\kappa)-(-\sin\varphi\cos\omega)(\sin\varphi\cos\kappa+\cos\varphi\sin\omega\sin\kappa)]$

$= \cos^2\varphi\cos\omega\cos\kappa-\sin\varphi\cos\varphi\sin\omega\cos\omega\sin\kappa-(-\sin^2\varphi\cos\omega\cos\kappa$
$\quad -\sin\varphi\cos\varphi\sin\omega\cos\omega\sin\kappa)$

$= \cos\omega\cos\kappa = b_2$

同理

$$\frac{\partial(\overline{X}\ \overline{Y}\ \overline{Z})^{\mathrm{T}}}{\partial\omega} = \boldsymbol{R}_{\kappa}^{\mathrm{T}}\frac{\partial\boldsymbol{R}_{\omega}^{\mathrm{T}}}{\partial\omega}\boldsymbol{R}_{\varphi}^{\mathrm{T}}\begin{bmatrix} X-X_S \\ Y-Y_S \\ Z-Z_S \end{bmatrix} = \boldsymbol{R}_{\kappa}^{\mathrm{T}}\frac{\partial\boldsymbol{R}_{\omega}^{\mathrm{T}}}{\partial\omega}\boldsymbol{R}_{\omega}\boldsymbol{R}_{\kappa}\boldsymbol{R}^{\mathrm{T}}\begin{bmatrix} X-X_S \\ Y-Y_S \\ Z-Z_S \end{bmatrix}$$

$$= \boldsymbol{R}_{\kappa}^{\mathrm{T}}\begin{bmatrix} 0 & 0 & 0 \\ 0 & 0 & 1 \\ 0 & -1 & 0 \end{bmatrix}\boldsymbol{R}_{\kappa}\begin{bmatrix} \overline{X} \\ \overline{Y} \\ \overline{Z} \end{bmatrix} = \begin{bmatrix} \overline{Z}\sin\kappa \\ \overline{Z}\cos\kappa \\ -\overline{X}\sin\kappa-\overline{Y}\cos\kappa \end{bmatrix}$$

$$\frac{\partial(\overline{X}\ \overline{Y}\ \overline{Z})^{\mathrm{T}}}{\partial\kappa} = \frac{\partial\boldsymbol{R}_{\kappa}^{\mathrm{T}}}{\partial\kappa}\boldsymbol{R}_{\kappa}\boldsymbol{R}^{\mathrm{T}}\begin{bmatrix} X-X_S \\ Y-Y_S \\ Z-Z_S \end{bmatrix} = \begin{bmatrix} 0 & 1 & 0 \\ -1 & 0 & 0 \\ 0 & 0 & 0 \end{bmatrix}\begin{bmatrix} \overline{X} \\ \overline{Y} \\ \overline{Z} \end{bmatrix} = \begin{bmatrix} \overline{Y} \\ -\overline{X} \\ 0 \end{bmatrix}$$

所以

$$a_{14} = \frac{\partial x}{\partial\varphi} = -\frac{f}{\overline{Z}^2}\left(\frac{\partial\overline{X}}{\partial\varphi}\overline{Z}-\frac{\partial\overline{Z}}{\partial\varphi}\overline{X}\right) = -\frac{f}{\overline{Z}^2}[(-b_3\overline{Y}+b_2\overline{Z})\overline{Z}-(-b_2\overline{X}+b_1\overline{Y})\overline{X}]$$

$$= f\left[b_2-b_3\frac{\overline{Y}}{\overline{Z}}+b_2\left(\frac{\overline{X}}{\overline{Z}}\right)^2-b_1\frac{\overline{X}\overline{Y}}{\overline{Z}\overline{Z}}\right]$$

$$= -f\left[\cos\omega\cos\kappa+\sin\omega\frac{\overline{Y}}{\overline{Z}}+\cos\omega\cos\kappa\left(\frac{\overline{X}}{\overline{Z}}\right)^2-\cos\omega\sin\kappa\frac{\overline{X}\overline{Y}}{\overline{Z}\overline{Z}}\right]$$

$$\begin{cases} a_{14} = \dfrac{\partial x}{\partial\varphi} = y\sin\omega-\left[\dfrac{x}{f}(x\cos\kappa-y\sin\kappa)+f\cos\kappa\right]\cos\omega \\[2mm] a_{15} = \dfrac{\partial x}{\partial\omega} = -f\sin\kappa-\dfrac{x}{f}(x\sin\kappa+y\cos\kappa) \\[2mm] a_{16} = \dfrac{\partial x}{\partial\kappa} = y \end{cases} \qquad (8.8\mathrm{b})$$

在竖直摄影情况下，当角元素都是小角时，可用 $\varphi=\omega=\kappa=0$ 及 $Z=-H$ 代入式（8.8a）和式（8.8b）得

$$\begin{cases} a_{11}=f\dfrac{f}{H},a_{12}=0,a_{13}=-\dfrac{x}{H} \\ a_{14}=-f\left(1+\dfrac{x^2}{f^2}\right),a_{15}=-\dfrac{xy}{f},a_{16}=y \end{cases} \quad (8.8c)$$

式中：H 为近似取平均相对航高。式（8.3）可简化为

$$\begin{cases} v_x=-\dfrac{f}{H}\Delta X_S-\dfrac{x}{H}\Delta Z_S-f\left(1+\dfrac{x^2}{f^2}\right)\Delta\varphi-\dfrac{xy}{f}\Delta\omega+y\Delta\kappa-[x-(x)] \\ v_y=-\dfrac{f}{H}\Delta Y_S-\dfrac{y}{H}\Delta Z_S-\dfrac{xy}{f}\Delta\varphi-f\left(1+\dfrac{y^2}{f^2}\right)\Delta\omega-x\Delta\kappa-[y-(y)] \end{cases} \quad (8.9)$$

8.1.2 程序流程图

单像空间后方交会程序流程图如图 8.1 所示，具体步骤如下。

（1）获取已知数据。获取控制点的地面摄影测量坐标 X_i、Y_i、Z_i 和像点坐标 x_i、y_i。并通过内方位元素进行内定向。

（2）确定未知数初始值。因为角元素都为小角，所以初始值均设为 0，即 $\varphi_0=\omega_0=\kappa_0=0$；线元素中，$X_{S_0}$、$Y_{S_0}$ 的初始值可为 4 个角上控制点的均值，Z_{S_0} 需要加上 H，即

$$X_{S_0}=\frac{1}{4}\sum_{i=1}^{4}X_i, \quad Y_{S_0}=\frac{1}{4}\sum_{i=1}^{4}Y_i, \quad Z_{S_0}=mf+\frac{1}{4}\sum_{i=1}^{4}Z_i$$

（3）计算旋转矩阵 $\boldsymbol{R}$。利用角元素近似值计算方向余弦值，组成 $\boldsymbol{R}$ 矩阵。

（4）计算 $\overline{X}$、$\overline{Y}$、$\overline{Z}$。用旋转矩阵 $\boldsymbol{R}$，将未知数近似值组成的共线方程式中分子分母计算出来，并用 $\overline{X}$、$\overline{Y}$、$\overline{Z}$ 表示。计算公式如下：

$$\overline{X}=\boldsymbol{R}^{\mathrm{T}}X-X_S$$
$$\overline{Y}=\boldsymbol{R}^{\mathrm{T}}Y-Y_S$$
$$\overline{Z}=\boldsymbol{R}^{\mathrm{T}}Z-Z_S$$

（5）组成误差方程式。通过第（4）步计算出来的值来逐点计算误差方程式的系数矩阵 $\boldsymbol{A}$ 和常数项矩阵 $\boldsymbol{L}$。

（6）求解外方位元素。根据法方程可解出外方位元素的改正数，并与相应近似值求和，得到外方位元素新的近似值。

（7）检查结果是否收敛。将求得的改正数与规定限差相比，小于规定限差则输出结果，否则用新的近似值代入第（3）步重新循环。

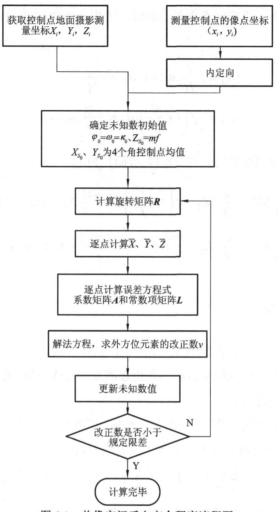

图 8.1　单像空间后方交会程序流程图

8.1.3　核心代码

```
original_data = pd.read_csv('坐标数据.csv',header=None)
original_data = original_data.values
//读取数据为矩阵形式
print('原始数据如下(x,y,X,Y,Z):\n',original_data)
m = eval(input("请输入比例尺（m）:"))
f = eval(input("请输入主距（m）:"))
x0,y0 = eval(input("请输入 x0，y0（以逗号分隔）:"))
xy = []
XYZ = []
fi,w,k= 0,0,0   //一般相片倾角小于 3°所以外方位元素近似取 fi,w,k=0
//读取影像坐标，存到 xy 列表，相应地面点坐标存到 XYZ 列表
for i in range(len(original_data)):
```

```
  xy.append([original_data[i][0]/1000,original_data[i][1]/1000])
  XYZ.append([original_data[i][2],original_data[i][3],original_data[i][4]])
//定义系数矩阵 A, 常数项矩阵 L
A = np.mat(np.zeros((len(xy * 2),6)))
L = np.mat(np.zeros((len(xy * 2),1)))
//将 xy 和 XYZ 列表转化为矩阵
xy = np.mat(xy)
XYZ = np.mat(XYZ)
XYZ_CHA = np.mat(np.zeros((len(xy),3)))    //便于推导偏导数建立的矩阵
sum_X = 0
sum_Y = 0
//Xs0 Ys0 取 4 个角上控制点坐标的平均值    Zs0=H=mf
for i in range(len(original_data)):
    sum_X = original_data[i][2] + sum_X
    sum_Y = original_data[i][3] + sum_Y
Xs0 = 0.25 * sum_X
Ys0 = 0.25 * sum_Y
Zs0 = m * f
diedai = 0
while (1):
    //旋转矩阵
    a1 = cos(fi) * cos(k) - sin(fi) * sin(w) * sin(k)
    a2 = (-1.0) * cos(fi) * sin(k) - sin(fi) * sin(w) * cos(k)
    a3 = (-1.0) * sin(fi) * cos(w)
    b1 = cos(w) * sin(k)
    b2 = cos(w) * cos(k)
    b3 = (-1.0) * sin(w)
    c1 = sin(fi) * cos(k) + cos(fi) * sin(w) * sin(k)
    c2 = (-1.0) * sin(fi) * sin(k) + cos(fi) * sin(w) * cos(k)
    c3 = cos(fi) * cos(w)
    xuanzhuan = np.mat([[a1,a2,a3],[b1,b2,b3],[c1,c2,c3]])
    for i in range(len(XYZ)):
        XYZ_CHA[i,0] = XYZ[i,0] - Xs0
        XYZ_CHA[i,1] = XYZ[i,1] - Ys0
        XYZ_CHA[i,2] = XYZ[i,2] - Zs0
    XYZ_ = xuanzhuan.T * XYZ_CHA.T
    for i in range(len(XYZ)):
        //系数矩阵
        A[i * 2,0] = -f/(Zs0 - XYZ[i,2])
        A[i * 2,1] = 0
```

```
            A[i * 2,2] = -xy[i,0]/(Zs0 - XYZ[i,2])
            A[i * 2,3] = -f * (1 + pow(xy[i,0],2)/pow(f,2))
            A[i * 2,4] = -(xy[i,0] * xy[i,1])/f
            A[i * 2,5] = xy[i,1]
            A[i * 2 + 1,0] = 0
            A[i * 2 + 1,1] = -f/(Zs0 - XYZ[i,2])
            A[i * 2 + 1,2] = -xy[i,1]/(Zs0 - XYZ[i,2])
            A[i * 2 + 1,3] = -(xy[i,0] * xy[i,1])/f
            A[i * 2 + 1,4] = -f * (1 + pow(xy[i,1],2)/pow(f,2))
            A[i * 2 + 1,5] = -xy[i,0]
        //常数项矩阵
            L[i * 2,0] = xy[i,0] + f * (XYZ_[0,i]/XYZ_[2,i])
            L[i * 2 + 1,0] = xy[i,1] + f * (XYZ_[1,i]/XYZ_[2,i])
        //结果
        Result = ((A.T * A).I) * A.T * L
        Xs0 += Result[0]
        Ys0 += Result[1]
        Zs0 += Result[2]
        φ+= Result[3]
        ω+= Result[4]
        κ += Result[5]
        if(max(Result)<0.0000000000001):
            break
        diedai+=1
a1 = cos(fi) * cos(k) - sin(fi) * sin(w) * sin(k)
a2 = (-1.0) * cos(fi) * sin(k) - sin(fi) * sin(w) * cos(k)
a3 = (-1.0) * sin(fi) * cos(w)
b1 = cos(w) * sin(k)
b2 = cos(w) * cos(k)
b3 = (-1.0) * sin(w)
c1 = sin(fi) * cos(k) + cos(fi) * sin(w) * sin(k)
c2 = (-1.0) * sin(fi) * sin(k) + cos(fi) * sin(w) * cos(k)
c3 = cos(fi) * cos(w)
rotate = np.mat([[a1,a2,a3],[b1,b2,b3],[c1,c2,c3]])
print('计算结果\n',Xs0,'\n',Ys0,'\n',Zs0,'\n')
print('旋转矩阵\n',rotate)
print('迭代次数为:',diedai)
Result = np.mat(Result)
m0 = np.sqrt((Result.T*Result)/2)
m0 = float(m0[0][0])
print('单位权中误差为:',m0)
```

8.2 空间前方交会

8.2.1 空间前方交会原理

应用单像空间后方交会求得像片的外方位元素后，由单张像片上的像点坐标反求相应地面点的坐标，仍然是不可能的。

立体像对与所摄地面存在一定的几何关系，可用数学式来描述像点与相应地面点之间的关系。如图 8.2 所示，设 S 和 S' 为两个摄影站，摄取一对像片。任一地面点 A 在像对左右像片上的像点为 a 和 a'。现已知两张像片的内、外方位元素，设想将像片按内外方位元素置于摄影时位置，显然同名射线 Sa 和 $S'a'$ 必然交于地面点 A。这样由立体像片对的两张像片的内、外方位元素和像点坐标来确定该点的物方坐标的方法，称为空间前方交会。

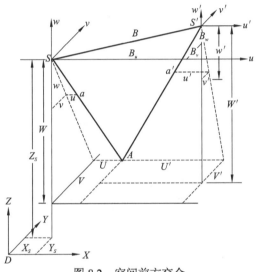

图 8.2 空间前方交会

取左、右像片的像空间辅助坐标系 $S\text{-}uvw$ 和 $S'\text{-}u'v'w'$，其坐标轴分别平行物方坐标系 $D\text{-}XYZ$ 的坐标轴，因两张像片相对于该像空间辅助坐标系的外方位元素已知，则可用式 $\begin{bmatrix} u \\ v \\ w \end{bmatrix} = \boldsymbol{R} \begin{bmatrix} x \\ y \\ -f \end{bmatrix}$，把像点 a、a' 的像空间坐标 $(x,y,-f)$、$(x',y',-f)$ 分别变换为像空间辅助坐标 (u,v,w)、(u',v',w')。右摄站 S' 在 $S\text{-}xyz$ 坐标系的坐标为 (B_u, B_v, B_w)，即

$$\begin{cases} B_u = X'_S - X_S \\ B_v = Y'_S - Y_S \\ B_w = Z'_S - Z_S \end{cases} \tag{8.10}$$

式中：(X_S, Y_S, Z_S) 和 (X'_S, Y'_S, Z'_S) 为摄站 S 和 S' 在物方坐标系的坐标，即左、右像片外方位线元素。

地面点 A 在左、右像片的像空间辅助坐标系中坐标分别用 (u, v, w) 和 (u', v', w') 表示。

因左、右像片的像空间辅助坐标系是相互平行的，摄站点、像点、地面点共线，由

图 8.2 可得

$$\begin{cases} \dfrac{SA}{Sa} = \dfrac{U}{u} = \dfrac{V}{v} = \dfrac{W}{w} = N \\[3mm] \dfrac{S'A}{S'a'} = \dfrac{U'}{u'} = \dfrac{V'}{v'} = \dfrac{W'}{w'} = N' \end{cases} \tag{8.11}$$

式中：N 和 N' 分别为左、右同名像点的投影系数，则有

$$\begin{cases} U = Nu, & U' = N'u' \\ V = Nv, & V' = N'v' \\ W = Nw, & W' = N'w' \end{cases} \tag{8.12}$$

$$\begin{cases} U = B_u + U' \\ V = B_v + V' \\ W = B_w + W' \end{cases}$$

或写成

$$\begin{cases} Nu = B_u + N'u' \\ Nv = B_v + N'v' \\ Nw = B_w + N'w' \end{cases} \tag{8.13}$$

对式（8.13）联立求解得

$$\begin{cases} N = \dfrac{B_u w' - B_w u'}{uw' - u'w} \\[3mm] N' = \dfrac{B_u w - B_w u}{uw' - u'w} \end{cases} \tag{8.14}$$

式（8.14）就是利用立体像对确定地面点空间位置的前方交会公式。

由于坐标系 S-平行物方坐标系 D-XYZ，则地面点在物方坐标系的坐标为

$$\begin{cases} X = X_S + U \\ Y = Y_S + V \\ Z = Z_S + W \end{cases} \tag{8.15}$$

综上所述，空间前方交会的计算步骤如下。

（1）计算像点在像空间辅助坐标系的坐标(u, v, w) 和 (u', v', w')。

（2）计算(B_u, B_v, B_w)。

（3）计算投影系数 N 和 N'。

（4）计算地面点在像空间辅助坐标系的坐标(U, V, W)。

（5）最后计算出地面点在物方坐标系的坐标(X, Y, Z)。

8.2.2 程序流程图

空间前方交会程序流程图如图 8.3 所示，具体步骤如下。

（1）获取已知数据。通过空间后方交会获得左、右像片的外方位元素，然后将量测的像点坐标进行内定向，获取像平面坐标。

（2）计算基线分量。利用求得的外方位元素计算基线分量，计算式如下：

$$B_x = X_{S2} - X_{S1}, \quad B_y = Y_{S2} - Y_{S1}, \quad B_z = Z_{S2} - Z_{S1}$$

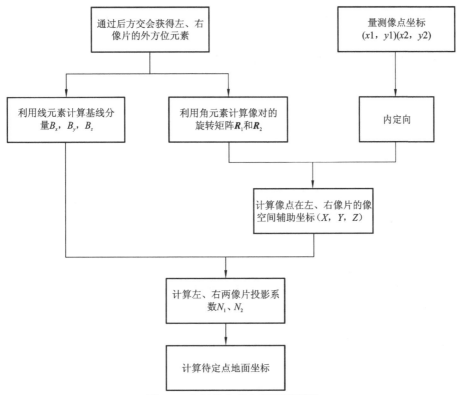

图 8.3　空间前方交会程序流程图

（3）计算像空间辅助坐标系。利用后方交会求得的角元素建立旋转矩阵，然后求像点在左、右像片的像空间辅助坐标系的坐标。

（4）计算点投影系数 N_1、N_2。计算式如下：

$$N_1 = \frac{B_x Z_2 - B_z X_2}{X_1 Z_2 - X_2 Z_1}, \quad N_2 = \frac{B_x Z_1 - B_z X_1}{X_1 Z_2 - X_2 Z_1}$$

（5）计算地面坐标。待定点的地面摄影测量坐标计算式如下：

$$X_A = X_{s1} + N_1 X_1 = X_{s_2} + N_2 X_2$$

$$Y_A = X_{s1} + N_1 Y_1 = Y_{s_2} + N_2 Y_2$$

$$Z_A = Z_{s1} + N_1 Z_1 = Z_{s_2} + N_2 Z_2$$

8.2.3　核心代码

```
import numpy as np
import pandas as pd
from math import *
//内方位元素:f,x0,y0　单位 mm
In_ele = np.array([[150,0,0]])
//左右像片外方位线元素　单位 mm
Lout_ele = np.mat([4999757.49582,4999738.04354,1999998.07144])
```

```
Rout_ele = np.mat([5896855.86538,5070303.27142,2030428.07609])
//读取同名像点
L_point=pd.read_csv('左片.csv',header=None)
L_point=L_point.values
R_point=pd.read_csv('右片.csv',header=None)
R_point=R_point.values
//旋转矩阵
R1 = np.mat([[0.99546692,-0.09510813,-0.00022301],
             [0.09506152,0.99504727,-0.02905583],
             [0.00298535,0.02890291,0.99957777]])
R2 = np.mat([[0.99372738,-0.11089881,-0.01439957],
             [0.11013507,0.99285291,-0.04597144],
             [0.01939484,0.04409718,0.99883897]])
def rotate(out_ele):
    //计算旋转矩阵函数 out_ele 为外方位角元素的行矩阵[[fi],[w],[k]]
    fi,w,k = out_ele[0,0],out_ele[0,1],out_ele[0,2]
    a1 = cos(fi) * cos(k) - sin(fi) * sin(w) * sin(k)
    a2 = (-1.0) * cos(fi) * sin(k) - sin(fi) * sin(w) * cos(k)
    a3 = (-1.0) * sin(fi) * cos(w)
    b1 = cos(w) * sin(k)
    b2 = cos(w) * cos(k)
    b3 = (-1.0) * sin(w)
    c1 = sin(fi) * cos(k) + cos(fi) * sin(w) * sin(k)
    c2 = (-1.0) * sin(fi) * sin(k) + cos(fi) * sin(w) * cos(k)
    c3 = cos(fi) * cos(w)
    rotate = np.mat([[a1,a2,a3],[b1,b2,b3],[c1,c2,c3]])
    return rotate
//计算基线分量,L、R 为左右像片线元素
def BaseLine(L,R):
    B = []
    for i in range(3):
        B.append(R[0,i] - L[0,i])
    return np.mat([B])
//计算所求点的像空间辅助坐标系,xyz--> XYZ
def coordinate(R,P,f):    //R 为旋转矩阵,P 所求点像平面坐标,f 为主距
    XYZ = []
    if len(P) >= 1:
        for i in range(len(P)):
            xyz = np.array([[P[i,0]],[P[i,1]],[(-1) * f]])
            XYZ.append(R * xyz)
    return XYZ
def projection_index(B,XYZ1,XYZ2):    //投影系数计算
    N1 = ((B[0,0] * XYZ2[2,0]) - (B[0,2] * XYZ2[0,0]))/((XYZ1[0,0] * XYZ2[2,0]) -
```

```
(XYZ2[0,0] * XYZ1[2,0]))
        N2 = ((B[0,0] * XYZ1[2,0]) - (B[0,2] * XYZ1[0,0]))/((XYZ1[0,0] * XYZ2[2,0]) -
(XYZ2[0,0] * XYZ1[2,0]))
        return [N1,N2]
    def GP(XYZ_s1,N,XYZ1):   //地面控制点坐标计算
        XA = XYZ_s1[0,0] + N[0] * XYZ1[0]
        YA = XYZ_s1[0,1] + N[0] * XYZ1[1]
        ZA = XYZ_s1[0,2] + N[0] * XYZ1[2]
        return XA/1000,YA/1000,ZA/1000   //换个单位,变成m
    L_rotate = R1
    R_rotate = R2
    B = BaseLine(Lout_ele,Rout_ele)
    XYZ1 = coordinate(L_rotate,L_point,In_ele[0][0])   //左片像空间辅助坐标
    XYZ2 = coordinate(R_rotate,R_point,In_ele[0][0])   //右片像空间辅助坐标
    N = []
    G_P = []
    for i in range(len(XYZ1)):
        N.append(projection_index(B,XYZ1[i],XYZ2[i]))
    for i in range(len(XYZ1)):
        G_P.append(GP(Lout_ele,N[i],XYZ1[i]))
    Ground_Point = np.array(G_P)
    for i in range(len(G_P)):
        print(str(i + 1) + "号点的地面坐标:XA,YA,ZA\n")
        print(Ground_Point[i])
```

8.3 解析法像对的相对定向

8.3.1 相对定向原理

解析法像对的相对定向是通过计算相对定向元素，建立地面的立体模型。

1. 像对相对定向的共面条件

像对的相对定向无论是模拟法还是解析法,都是以同名射线对相交即完成摄影时的基线及左、右射线三线共面的条件作为解求的基础。解析法相对定向时,共面条件是借助像空间辅助坐标系中的坐标关系来表达的。如空间辅助坐标系采用 $S\text{-}uvw$ 符号表示,则用 u、v、w 表示像点在像空间辅助坐标系中的坐标,而模型点在此坐标系中的坐标相应地用 U、V、W 表示。

图 8.4 表示航空摄影过程中的一个像对。其中 S、S'为左、右摄影站,地面点 A 在左、右像片上的构像为 a 和 a'。若射线 Sa 用向量 Sa 表示,射线 $S'a'$ 用向量 $S'a'$ 表示,而空间基线 B 用向量 SS' 表示,那么当同名射线相交时,三个向量应在同一个面内。根据向量代

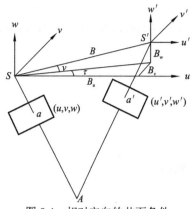

图 8.4　相对定向的共面条件

数，三向量共面，它们的混合积为零，即

$$SS' \cdot (Sa \cdot Sa') = 0 \qquad (8.16)$$

式（8.16）是共面条件的严密式，完成相对定向的标准条件是式（8.16）为零成立。

像对的相对定向，常用的有连续像对相对定向和单独像对相对定向两种方式，像对的相对定向元素都是相对于所取的像空间辅助坐标系而言的。

2. 连续像对的相对定向

连续像对相对定向是以左方像片为基准，求出右方像片相对于左方像片的相对方位元素。

如图 8.4 所示，设在左、右摄影站 S 和 S' 处，建立左、右像片的像空间辅助坐标系 S-uvw 和 S'-$u'v'w'$，二者的相应坐标轴相互平行。此时以左方像片为基准，即左方像片相对于像空间辅助坐标系 S-uvw 的外方位元素认为是已知的，因而想确定右方像片相对于左方像片的空间位置，只需要确定右方像片相对于像空间辅助坐标系 S-uvw 的外方位元素，进而求得像对的相对定向元素。此时右方像片待求的相对定向元素为 φ'、ω'、κ'、B_v 和 B_w。

当同名光线对相交时，按三向量共面条件式（8.9），用坐标形式表示为

$$F = \begin{vmatrix} B_u & B_v & B_w \\ u & v & w \\ u' & v' & w' \end{vmatrix} = 0 \qquad (8.17)$$

式中：(u, v, w) 为左方像片点 a 在左方像空间辅助坐标系 S-uvw 中的坐标；(u', v', w') 为右方像片点 a' 在右方像空间辅助坐标系 S-$u'v'w'$中的坐标；(B_u, B_v, B_w) 为右摄影站 S'在坐标系 S-uvw 中的坐标，即摄影基线 SS' 在坐标系中的分量。B_u 只涉及模型比例尺，相对定向中可给予定值。由于左方像片外方位元素为已知，左方像点坐标(u, v, w)也为已知定值，而右方像点的坐标(u', v', w')是右方像片角元素 φ'、ω'、κ'的函数。所以，式（8.17）中有 5 个未知数 φ'、ω'、κ'、B_v 和 B_w，也就是连续像对法的 5 个相对定向元素。

共面条件式（8.17）是非线性函数，按泰勒级数展开，取至一次项，进行线性化：

$$F(\Delta B_v \Delta B_w \Delta \varphi' \Delta \omega' \Delta \kappa') = F_0 + \frac{\partial F}{\partial B_v} \Delta B_v + \frac{\partial F}{\partial B_w} \Delta B_w + \frac{\partial F}{\partial \varphi'} \Delta \varphi' + \frac{\partial F}{\partial \omega'} \Delta \omega' + \frac{\partial F}{\partial \kappa'} \Delta \kappa' = 0 \quad (8.18)$$

式中：F_0 为用近似值代入严密共面条件式后求得的函数值；ΔB_v、ΔB_w、$\Delta \varphi'$、$\Delta \omega'$、$\Delta \kappa'$ 为相对定向元素近似值的改正数，为待定值。

线性化的过程中 5 个定向元素改正值只取至一次项小值，因此其各值可以用近似式演化得到。各点像空间辅助坐标系和像空间坐标系的坐标关系式为

$$\begin{bmatrix} u \\ v \\ w \end{bmatrix} = \mathbf{R} \begin{bmatrix} x \\ y \\ -f \end{bmatrix} = \begin{bmatrix} a_1 & a_2 & a_3 \\ b_1 & b_2 & b_3 \\ c_1 & c_2 & c_3 \end{bmatrix} \begin{bmatrix} x \\ y \\ -f \end{bmatrix} \qquad (8.19)$$

式中：$\mathbf{R}$ 为旋转矩阵，当取以 v 轴为主轴的转角系统 φ、ω、κ 三个角度为独立参数时，旋转矩阵的 9 个元素见式（8.19）。当 φ、ω、κ 的值比较小时，其近似式为

$$\boldsymbol{R} = \begin{bmatrix} 1 & -\kappa & -\varphi \\ \kappa & 1 & -\omega \\ \varphi & \omega & 1 \end{bmatrix} \qquad (8.20)$$

此时，右方像空间辅助坐标系和像空间坐标系的坐标关系近似式为

$$\begin{bmatrix} u' \\ v' \\ w' \end{bmatrix} = \begin{bmatrix} 1 & -\kappa' & -\varphi' \\ \kappa' & 1 & -\omega' \\ \varphi' & \omega' & 1 \end{bmatrix} \begin{bmatrix} x' \\ y' \\ -f \end{bmatrix}$$

计算得 $\dfrac{\partial u'}{\partial \varphi'} = f$，$\dfrac{\partial u'}{\partial \omega'} = 0$，$\dfrac{\partial u'}{\partial \kappa'} = -y'$，$\dfrac{\partial v'}{\partial \varphi'} = 0$，$\dfrac{\partial v'}{\partial \omega'} = f$，$\dfrac{\partial v'}{\partial \kappa'} = x'$，$\dfrac{\partial w'}{\partial \varphi'} = x'$，$\dfrac{\partial w'}{\partial \omega'} = y'$，$\dfrac{\partial w'}{\partial \kappa'} = 0$。

从而可以求得式（8.18）中各系数为

$$\begin{cases} \dfrac{\partial F}{\partial B_v} = \begin{vmatrix} 0 & 1 & 0 \\ u & v & w \\ u' & v' & w' \end{vmatrix} = \begin{vmatrix} w & u \\ w' & u' \end{vmatrix} \\[24pt] \dfrac{\partial F}{\partial B_w} = \begin{vmatrix} 0 & 0 & 1 \\ u & v & w \\ u' & v' & w' \end{vmatrix} = \begin{vmatrix} u & v \\ u' & v' \end{vmatrix} \\[24pt] \dfrac{\partial F}{\partial \varphi'} = \begin{vmatrix} B_u & B_v & B_w \\ u & v & w \\ \dfrac{\partial u'}{\partial \varphi'} & \dfrac{\partial v'}{\partial \varphi'} & \dfrac{\partial w'}{\partial \varphi'} \end{vmatrix} = \begin{vmatrix} B_u & B_v & B_w \\ u & v & w \\ f & 0 & x' \end{vmatrix} \\[24pt] \dfrac{\partial F}{\partial \omega'} = \begin{vmatrix} B_u & B_v & B_w \\ u & v & w \\ \dfrac{\partial u'}{\partial \omega'} & \dfrac{\partial v'}{\partial \omega'} & \dfrac{\partial w'}{\partial \omega'} \end{vmatrix} = \begin{vmatrix} B_u & B_v & B_w \\ u & v & w \\ 0 & f & y' \end{vmatrix} \\[24pt] \dfrac{\partial F}{\partial \kappa'} = \begin{vmatrix} B_u & B_v & B_w \\ u & v & w \\ \dfrac{\partial u'}{\partial \kappa'} & \dfrac{\partial v'}{\partial \kappa'} & \dfrac{\partial w'}{\partial \kappa'} \end{vmatrix} = \begin{vmatrix} B_u & B_v & B_w \\ u & v & w \\ -y' & x' & 0 \end{vmatrix} \end{cases} \qquad (8.21)$$

将式（8.21）代入式（8.20），得

$$\begin{vmatrix} w & u \\ w' & u' \end{vmatrix} \Delta B_v + \begin{vmatrix} u & v \\ u' & v' \end{vmatrix} \Delta B_w + \begin{vmatrix} B_u & B_v & B_w \\ u & v & w \\ f & 0 & x' \end{vmatrix} \Delta \varphi' + \begin{vmatrix} B_u & B_v & B_w \\ u & v & w \\ 0 & f & y' \end{vmatrix} \Delta \omega' + \begin{vmatrix} B_u & B_v & B_w \\ u & v & w \\ -y' & x' & 0 \end{vmatrix} \Delta \kappa' + F_0 = 0$$

将上式展开，并略去含有 $\dfrac{B_v}{B_u} \Delta \varphi'$、$\dfrac{B_w}{B_u} \Delta \varphi' \cdots$ 等二次项小值，整理后得

$$(wu' - w'u)\Delta B_v + (uv' - u'v)\Delta B_w + vx'B_u \Delta \varphi' + (vy' - fw)B_u \Delta \omega' - x'w B_u \Delta \kappa' + F_0 = 0$$

等式两边除以 $wu' - w'u$，得

$$\Delta B_v + \frac{uv' - u'v}{wu' - w'u}\Delta B_w + \frac{vx'B_u}{wu' - w'u}\Delta\varphi' + \frac{vy' - fw}{wu' - w'u}B_u\Delta\omega' - \frac{x'w}{wu' - w'u}B_u\Delta\kappa' + \frac{F_0}{wu' - w'u} = 0$$

对竖直摄影而言，φ'、ω'、κ' 和 B_v、B_w 为小值，每一次的近似值可取零。式中各待定值系数在考虑一次项的情况下，可把左、右像片的像空间辅助坐标 (u, v) 和 (u', v') 用像片坐标 (x, y) 和 (x', y') 代替，并近似地取 $x \approx x' + b$（b 为像片基线），$y \approx y'$，$w \approx w' \approx -f$，则得

$$\Delta B_v + \frac{y'}{f}\Delta B_w + \frac{x'y'}{b}\frac{B_u}{f}\Delta\varphi' + \frac{(y^2 + f^2)}{f}\frac{B_u}{b}\Delta\omega' + x'\frac{B_u}{b}\Delta\kappa' - \frac{F_0}{uw' - u'w} = 0$$

令 $\dfrac{B_u}{b} = m$ 为比例系数，等式两边同时除以 m，并令

$$\frac{\Delta B_v}{m} = \Delta b_v, \quad \frac{\Delta B_w}{m} = \Delta b_w, \quad q = \frac{F_0}{m(uw' - u'w)}$$

则有

$$\Delta b_v + \frac{y'}{f}\Delta b_w + \frac{x'y'}{f}\Delta\varphi' + \frac{y'^2 + f^2}{f}\Delta\omega' + x'\Delta\kappa' - q = 0 \tag{8.22}$$

式中：常数项 q 为按像片比例尺计算的模型点处的上下视差，它是判断相对定向是否完成的标志，所以 q 中 F_0 和 u、w、u'、w' 都要用严密式计算：

$$F_0 = \begin{vmatrix} B_u & B_v & B_w \\ u & v & w \\ u' & v' & w' \end{vmatrix} = m\begin{vmatrix} b_u & b_v & b_w \\ u & v & w \\ u' & v' & w' \end{vmatrix}$$

则有

$$q = \frac{b_u w' - b_w u'}{uw' - u'w}v - \frac{b_u w - b_w u}{uw' - u'w}v' - b_v = Nv - N'v' - b_v \tag{8.23}$$

式中

$$N = \frac{b_u w' - b_w u'}{uw' - u'w}, \quad N' = \frac{b_u w - b_w u}{uw' - u'w}$$

而

$$\begin{bmatrix} u \\ v \\ w \end{bmatrix} = \begin{bmatrix} \cos\varphi\cos\kappa - \sin\varphi\sin\omega\sin\kappa & -\cos\varphi\sin\kappa - \sin\varphi\sin\omega\cos\kappa & -\sin\varphi\cos\omega \\ \cos\omega\sin\kappa & \cos\omega\cos\kappa & -\sin\omega \\ \sin\varphi\cos\kappa + \cos\varphi\sin\omega\sin\kappa & -\sin\varphi\sin\kappa + \cos\varphi\sin\omega\cos\kappa & \cos\varphi\cos\omega \end{bmatrix} \begin{bmatrix} x \\ y \\ -f \end{bmatrix}$$

式中：N 和 N' 分别为相应射线的投影系数。式（8.23）中各待定值用其近似值代入计算。

在立体像对中每量测一对同名像点就可列出一个方程式，一般量测多于 5 对同名像点，则按最小二乘法求解。在计算中把 q 视为观测值，加入相应的改正数 v_q，式（8.22）写成误差方程式的形式为

$$v_q = \Delta b_v + \frac{y'}{f}\Delta b_w + \frac{x'y'}{f}\Delta\varphi' + \frac{y'^2 + f^2}{f}\Delta\omega' + x'\Delta\kappa' - q \tag{8.24}$$

写成通式：

$$v = a\Delta b_v + b\Delta b_w + c\Delta\varphi' + d\Delta\omega' + e\Delta\kappa' - l \tag{8.25}$$

若在像对内有 n 对同名点参与相对定向，则可列出 n 个误差方程式，用矩阵表示为

$$V = BX - L$$

式中

$$V = [v_1\, v_2\, \cdots\, v_n]^{\mathrm{T}}$$

$$B = \begin{bmatrix} a_1 & b_1 & c_1 & d_1 & e_1 \\ a_2 & b_2 & c_2 & d_2 & e_2 \\ \vdots & \vdots & \vdots & \vdots & \vdots \\ a_n & b_n & c_n & d_n & e_n \end{bmatrix}$$

$$L = [l_1\, l_2\, \cdots\, l_n]^{\mathrm{T}}$$

$$X = [\Delta b_v\, \Delta b_w\, \Delta\varphi'\, \Delta\omega'\, \Delta\kappa']^{\mathrm{T}}$$

根据最小二乘法原理，由误差方程式列出法方程的矩阵形式为

$$B^{\mathrm{T}}PBX - B^{\mathrm{T}}PL = 0$$

解法方程，得未知数 Δb_v、Δb_w、$\Delta\varphi'$、$\Delta\omega'$、$\Delta\kappa'$ 的解为

$$X = (B^{\mathrm{T}}PB)^{-1}B^{\mathrm{T}}PL$$

相对定向方程式（8.22）是取泰勒展开式的一次项式，因此要趋近运算，逐次修改各系数值及常数项值，即把解算出的 5 个定向元素改正数加到定向元素近似值上，得到新的近似值，再重新列误差方程式进行解算，直至达到所需要的运算精度为止。

最后得到各相对定向元素值为

$$b_v = [(b_{v0} + \Delta b_{v1}) + \Delta b_{v2}\cdots]$$
$$b_w = [(b_{w0} + \Delta b_{w1}) + \Delta b_{w2}\cdots]$$
$$\varphi' = [(\varphi'_0 + \Delta\varphi'_1) + \Delta\varphi'_2\cdots]$$
$$\omega' = [(\omega'_0 + \Delta\omega'_1) + \Delta\omega'_2\cdots]$$
$$\kappa' = [(\kappa'_0 + \Delta\kappa'_1) + \Delta\kappa'_2\cdots]$$

式中：b_{v0}、b_{w0}、φ'_0、ω'_0、κ'_0 为每一次运算时所取的定向元素近似值。

对后一像对而言，前一像对右方像片的相对定向角元素是左方像片的角元素，此时成为已知值。这是连续像对相对定向法的一个特征。

3. 单独像对的相对定向

图 8.5 显示的是已完成相对定向的单独像对。取左方像片的像空间辅助坐标系 $S\text{-}uvw$ 中的 u 轴与摄影基线 B 重合，v 轴与左方像片的主核面相垂直，则 w 轴在左方像片的主核面内。这样所取的像空间辅助坐标系也称为基线坐标系。而右方像片的像空间辅助坐标系 $S'\text{-}u'v'w'$ 中的 u' 轴与 u 轴重合，v'、w' 轴与 v、w 轴平行，这样

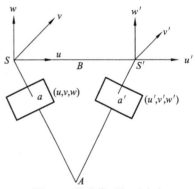

图 8.5　单独像对相对定向

B_v 和 B_w 等于零。同名像点和在各自的像空间辅助坐标系中的坐标分别为 (u, v, w) 和 (u', v', w')。

由于 B_v 和 B_w 等于零，由式（8.17）得单独像对定向的共面条件，用坐标形式表示为

$$\begin{vmatrix} B & 0 & 0 \\ u & v & w \\ u' & v' & w' \end{vmatrix} = B\begin{vmatrix} v & w \\ v' & w' \end{vmatrix} = 0 \tag{8.26}$$

像点的像空间辅助坐标是像片相对于所取像空间辅助坐标系的角元素的函数。由于平面 uw 在左方像片主核面内，$\omega=0$，像对的相对定向元素为 φ、κ、φ'、ω'、和 κ'。式（8.19）可表示为

$$F(\varphi\kappa\varphi'\omega'\kappa') = \begin{vmatrix} v & w \\ v' & w' \end{vmatrix} = 0 \tag{8.27}$$

引入各待定值的近似值后，将式（8.27）线性化得

$$F(\varphi\kappa\varphi'\omega'\kappa') = F_0 + \frac{\partial F}{\partial \varphi}\Delta\varphi + \frac{\partial F}{\partial \kappa}\Delta\kappa + \frac{\partial F}{\partial \varphi'}\Delta\varphi' + \frac{\partial F}{\partial \omega'}\Delta\omega' + \frac{\partial F}{\partial \kappa'}\Delta\kappa' = 0 \tag{8.28}$$

现在求 5 个偏导数。因 φ、κ、φ'、ω' 和 κ' 的值比较小，利用等价无穷小，取 $\sin\varphi\approx\varphi$，$\cos\omega\approx1\cdots$，并取至一次项，则有

$$\begin{bmatrix} u \\ v \\ w \end{bmatrix} = \begin{bmatrix} 1 & -\kappa & -\varphi \\ \kappa & 1 & -\omega \\ \varphi & \omega & 1 \end{bmatrix} \begin{bmatrix} x \\ y \\ -f \end{bmatrix}$$

由式（8.27）可得

$$\left\{ \begin{aligned}
\frac{\partial F}{\partial \varphi} &= \begin{vmatrix} \dfrac{\partial v}{\partial \varphi} & \dfrac{\partial w}{\partial \varphi} \\ v' & w' \end{vmatrix} = \begin{vmatrix} 0 & x \\ v' & w' \end{vmatrix} = -xv' \\[2mm]
\frac{\partial F}{\partial \kappa} &= \begin{vmatrix} \dfrac{\partial v}{\partial \kappa} & \dfrac{\partial w}{\partial \kappa} \\ v' & w' \end{vmatrix} = \begin{vmatrix} x & 0 \\ v' & w' \end{vmatrix} = xw' \\[2mm]
\frac{\partial F}{\partial \varphi'} &= \begin{vmatrix} v & w \\ \dfrac{\partial v'}{\partial \varphi'} & \dfrac{\partial w'}{\partial \varphi'} \end{vmatrix} = \begin{vmatrix} v & w \\ 0 & x' \end{vmatrix} = x'v \\[2mm]
\frac{\partial F}{\partial \omega'} &= \begin{vmatrix} v & w \\ \dfrac{\partial v'}{\partial \omega'} & \dfrac{\partial w'}{\partial \omega'} \end{vmatrix} = \begin{vmatrix} v & w \\ f & y' \end{vmatrix} = y'v - wf \\[2mm]
\frac{\partial F}{\partial \kappa'} &= \begin{vmatrix} v & w' \\ \dfrac{\partial v'}{\partial \kappa'} & \dfrac{\partial w'}{\partial \kappa'} \end{vmatrix} = \begin{vmatrix} v & w \\ x' & 0 \end{vmatrix} = -x'w
\end{aligned} \right. \tag{8.29}$$

将式（8.29）中的 v、w 和 v'、w' 近似地用 y、$-f$ 和 y'、$-f$ 代替，然后代入式（8.28），通式除以 f，整理后得单独像对定向的一次项公式：

$$-\frac{xy'}{f}\Delta\varphi + \frac{x'y}{f}\Delta\varphi' + \frac{f^2 + yy'}{f}\Delta\omega' - x\Delta\kappa + x'\Delta\kappa' + \frac{F_0}{f} = 0 \tag{8.30}$$

其误差方程式可写成

$$v_q = -\frac{xy'}{f}\Delta\varphi + \frac{x'y}{f}\Delta\varphi' + \frac{f^2 + yy'}{f}\Delta\omega' - x\Delta\kappa + x'\Delta\kappa' - q \tag{8.31}$$

其中常数项 q 应按严密式计算：

$$q = -\frac{F_0}{f} = -\frac{\begin{vmatrix} v & w \\ v' & w' \end{vmatrix}}{f} = -\frac{vw' - v'w}{f} \tag{8.32}$$

由误差方程式（8.31）组成法方程式，解算定向元素改正数 $\Delta\varphi$、$\Delta\varphi'$、$\Delta\omega'$、$\Delta\kappa$、$\Delta\kappa'$。逐次趋近运算，直至满足所需要的精度为止。最后得到各相对定向元素为

$$\varphi = [(\varphi_0 + \Delta\varphi_1) + \Delta\varphi_2\cdots]$$
$$\kappa = [(\kappa_0 + \Delta\kappa_1) + \Delta\kappa_2\cdots]$$
$$\varphi' = [(\varphi'_0 + \Delta\varphi'_1) + \Delta\varphi'_2\cdots]$$
$$\omega' = [(\omega'_0 + \Delta\omega'_1) + \Delta\omega'_2\cdots]$$
$$\kappa' = [(\kappa'_0 + \Delta\kappa'_1) + \Delta\kappa'_2\cdots]$$

式中：φ_0、κ_0、φ'_0、ω'_0、κ'_0 为每一次运算时所取用的各定向元素近似值。

8.3.2　连续法相对定向程序流程图

图 8.6 为连续法相对定向程序流程图，具体步骤如下。

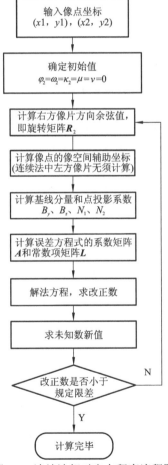

图 8.6　连续法相对定向程序流程图

（1）获取已知数据。获取像对中同名像点坐标 $(x_左, y_左)$，$(x_右, y_右)$，并通过内方位元素进行内定向。

（2）设定相对定向元素的初值。角度初始值设为 0，即 $\varphi_2=\omega_2=\kappa_2=\mu=\nu=0$。

（3）计算像空间辅助坐标系。由相对定向元素计算旋转矩阵 $\boldsymbol{R}$，然后计算像点的像空间辅助坐标。

（4）计算误差方程式的系数和常数项。由相对定向元素计算 B_y、B_z、N_1 和 N_2，然后根据公式计算系数矩阵和常数项矩阵。

（5）求相对定向元素。解法方程，获得相对定向元素改正数，并与相应近似值进行累加，得到新的相对定向元素近似值。

（6）判断收敛。将求得的改正数与规定限差相比，小于规定限差则输出结果，否则利用新的近似值代入第（3）步重新循环。

8.3.3 单独法相对定向程序流程图

图 8.7 为单独法相对定向程序流程图，具体步骤如下。

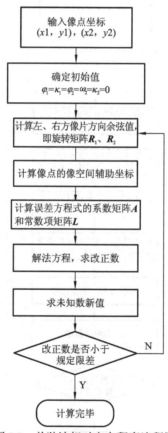

图 8.7 单独法相对定向程序流程图

（1）获取已知数据。获取像对中同名像点坐标 $(x_左, y_左)$，$(x_右, y_右)$，并通过内方位元素进行内定向。

（2）设定相对定向元素的初值。角度初始值设为 0，即 $\varphi_1=\kappa_1=\varphi_2=\omega_2=\kappa_2=0$。

（3）计算像空间辅助坐标系。由相对定向元素计算旋转矩阵 $\boldsymbol{R}_1$、$\boldsymbol{R}_2$，然后计算像点的像空间辅助坐标。

（4）计算误差方程式的系数和常数项。单独法相对定向中基线无 y 和 z 方向的分量，因此系数矩阵和常数项矩阵的计算法公式发生了变化，无须计算 N_1 和 N_2。

（5）解求相对定向元素。求解法方程，获得相对定向元素改正数，并与相应近似值进行累加，得到新的相对定向元素近似值。

（6）判断收敛。将求得的改正数与规定限差相比，小于规定限差则输出结果，否则利用新的近似值代入第（3）步重新循环。

8.3.4 核心代码

连续法相对定向的代码如下。

```python
import pandas as pd
import numpy as np
from math import *
data = pd.read_csv('像点坐标.csv',header=None) //借用pandas库读取csv数据,且
```
不用列名
```python
data = data.values //将读取的数据转化为二维列表形式
x0= -0.002/1000
y0=0.002/1000
for i in range(len(data)):
    data[i][0] = data[i][0]/1000 - x0
    data[i][1] = data[i][1]/1000 - y0
    data[i][2] = data[i][2]/1000 - x0
    data[i][3] = data[i][3]/1000 - y0
Bx = 1000
l_xyz = []
r_xyz = []
f = 0.153124
for i in range(len(data)): //同名点像平面坐标
    l_xyz.append([data[i][0],data[i][1],-f])
    r_xyz.append([data[i][2],data[i][3],-f])
r_xyz = np.array(r_xyz)
i = 0
u,v = 0,0 //确定初始值
fi2=0
w2=0
k2=0
//角元素为小角,初始值默认为0
//建立储存空间
l_XYZ = np.array(l_xyz)
N1 = np.mat(np.zeros((len(r_xyz) ,1)))
```

```python
N2 = np.mat(np.zeros((len(r_xyz) ,1)))
A = np.mat(np.zeros((len(r_xyz) ,5)))
L = np.mat(np.zeros((len(r_xyz) ,1)))
diedai = 0
while(1):
    //求右片方向余弦值
    a1 = cos(fi2) * cos(k2) - sin(fi2) * sin(w2) * sin(k2)
    a2 = (-1.0) * cos(fi2) * sin(k2) - sin(fi2) * sin(w2) * cos(k2)
    a3 = (-1.0) * sin(fi2) * cos(w2)
    b1 = cos(w2) * sin(k2)
    b2 = cos(w2) * cos(k2)
    b3 = (-1.0) * sin(w2)
    c1 = sin(fi2) * cos(k2) + cos(fi2) * sin(w2) * sin(k2)
    c2 = (-1.0) * sin(fi2) * sin(k2) + cos(fi2) * sin(w2) * cos(k2)
    c3 = cos(fi2) * cos(w2)
    R2 = np.mat([[a1,a2,a3],[b1,b2,b3],[c1,c2,c3]])
    r_XYZ = R2 * r_xyz.T
    r_XYZ = r_XYZ.T                          //右片像点像空间辅助坐标系
    By = Bx * u
    Bz = Bx * v
    for i in range(len(r_XYZ)):          //计算 N1、N2
        N1[i,0] = (Bx * r_XYZ[i,2] - Bz * r_XYZ[i,0])/(l_XYZ[i,0] * r_XYZ[i,2] -
r_XYZ[i,0] * l_XYZ[i,2])
        N2[i,0] = (Bx * l_XYZ[i,2] - Bz * l_XYZ[i,0])/(l_XYZ[i,0] * r_XYZ[i,2] -
r_XYZ[i,0] * l_XYZ[i,2])
    //计算误差方程系数矩阵
    for i in range(len(r_XYZ)):
        A[i,0] = -r_XYZ[i,0] * r_XYZ[i,1] * N2[i,0]/r_XYZ[i,2]
        A[i,1] = -(r_XYZ[i,2] + pow(r_XYZ[i,1],2)/r_XYZ[i,2]) * N2[i,0]
        A[i,2] = r_XYZ[i,0] * N2[i,0]
        A[i,3] = Bx
        A[i,4] = - r_XYZ[i,1] * Bx/r_XYZ[i,2]
    //计算常数项矩阵
    for i in range(len(r_XYZ)):
        L[i,0] = N1[i,0] * l_XYZ[i,1] - N2[i,0] * r_XYZ[i,1] -By
    //向量解
    Result = ((A.T * A).I) * A.T * L
    fi2 += Result[0]
    w2 += Result[1]
    k2 += Result[2]
```

```
        u += Result[3]
        v +=Result[4]
        diedai += 1
        if (max(Result) < 0.00003):
            break
print('计算结果\n',fi2,'\n',w2,'\n',k2,'\n',u,'\n',v,'\n')
print('迭代次数为:',diedai)
m0 = np.sqrt((Result.T*Result)/(len(r_xyz)-5))
m0 = float(m0[0][0])
print('单位权中误差为:',m0)
Qx = (A.T * A).I
mfi2 = m0 * np.sqrt(Qx[0,0])
mw2 = m0 * np.sqrt(Qx[1,1])
mk2 = m0 * np.sqrt(Qx[2,2])
mu = m0 * np.sqrt(Qx[3,3])
mv = m0 * np.sqrt(Qx[4,4])
print('fi2,w2,k2,u,v的中误差分别是:',mfi2,'\n',mw2,'\n',mk2,'\n',mu,'\n',mv)
//单独法相对定向:
import pandas as pd
import numpy as np
from math import *
data = pd.read_csv('像点坐标.csv',header=None) //借用 pandas 库读取 csv 数据,且
不用列名
data = data.values //将读取的数据转化为二维列表形式
x0= -0.002/1000
y0=0.002/1000
for i in range(len(data)):
    data[i][0] = data[i][0]/1000 - x0
    data[i][1] = data[i][1]/1000 - y0
    data[i][2] = data[i][2]/1000 - x0
    data[i][3] = data[i][3]/1000 - y0
Bx = 0
l_xyz = []
r_xyz = []
f = 0.153124
for i in range(len(data)): //同名点像平面坐标
    l_xyz.append([data[i][0],data[i][1],-f])
    r_xyz.append([data[i][2],data[i][3],-f])
    Bx = Bx + data[i][0] - data[i][2]     #求初始摄影基线分量
l_xyz = np.array(l_xyz)
```

```python
    r_xyz = np.array(r_xyz)
    Bx=Bx/len(data)                              //假定摄影基线分量
    i = 0
    fi1 = 0
    w1 = 0
    k1 = 0                                        //确定初始值
    fi2=0
    w2=0
    k2=0
//角元素为小角,初始值默认为 0
//建立储存空间
A = np.mat(np.zeros((len(r_xyz),5)))
L = np.mat(np.zeros((len(r_xyz),1)))
diedai = 0
while(1):
    //求右片方向余弦值
    r_a1 = cos(fi2) * cos(k2) - sin(fi2) * sin(w2) * sin(k2)
    r_a2 = (-1.0) * cos(fi2) * sin(k2) - sin(fi2) * sin(w2) * cos(k2)
    r_a3 = (-1.0) * sin(fi2) * cos(w2)
    r_b1 = cos(w2) * sin(k2)
    r_b2 = cos(w2) * cos(k2)
    r_b3 = (-1.0) * sin(w2)
    r_c1 = sin(fi2) * cos(k2) + cos(fi2) * sin(w2) * sin(k2)
    r_c2 = (-1.0) * sin(fi2) * sin(k2) + cos(fi2) * sin(w2) * cos(k2)
    r_c3 = cos(fi2) * cos(w2)
    R2 = np.mat([[r_a1,r_a2,r_a3],[r_b1,r_b2,r_b3],[r_c1,r_c2,r_c3]])
    r_XYZ = R2 * r_xyz.T
    r_XYZ = r_XYZ.T   //右片像点像空间辅助坐标系
    #求左片方向余弦
    l_a1 = cos(fi1) * cos(k1) - sin(fi1) * sin(w1) * sin(k1)
    l_a2 = (-1.0) * cos(fi1) * sin(k1) - sin(fi1) * sin(w1) * cos(k1)
    l_a3 = (-1.0) * sin(fi1) * cos(w1)
    l_b1 = cos(w1) * sin(k1)
    l_b2 = cos(w1) * cos(k1)
    l_b3 = (-1.0) * sin(w1)
    l_c1 = sin(fi1) * cos(k1) + cos(fi1) * sin(w1) * sin(k1)
    l_c2 = (-1.0) * sin(fi1) * sin(k1) + cos(fi1) * sin(w1) * cos(k1)
    l_c3 = cos(fi1) * cos(w1)
```

```python
R1 = np.mat([[l_a1,l_a2,l_a3],[l_b1,l_b2,l_b3],[l_c1,l_c2,l_c3]])
l_XYZ = R1 * l_xyz.T
l_XYZ = l_XYZ.T   //左片像点像空间辅助坐标系
//计算误差方程系数矩阵
for i in range(len(r_XYZ)):
    A[i,0] = l_XYZ[i,0] * r_XYZ[i,1]/l_XYZ[i,2]
    A[i,1] = -r_XYZ[i,0] * l_XYZ[i,1]/l_XYZ[i,2]
    A[i,2] = -(l_XYZ[i,2] + r_XYZ[i,1] * l_XYZ[i,1]/l_XYZ[i,2])
    A[i,3] = -l_XYZ[i,0]
    A[i,4] = r_XYZ[i,0]

    //计算常数项矩阵
for i in range(len(r_XYZ)):
    L[i,0] = -f * l_XYZ[i,1]/l_XYZ[i,2] + f * r_XYZ[i,1]/r_XYZ[i,2]
//向量解
Result = ((A.T * A).I) * A.T * L
fi1 += Result[0]
fi2 += Result[1]
w2 += Result[2]
k1 += Result[3]
k2 += Result[4]
diedai += 1
if (max(Result) < 0.000003):
    break
print('计算结果\n',fi1,'\n',fi2,'\n',w2,'\n',k1,'\n',k2,'\n')
print(diedai)
m0 = np.sqrt((Result.T*Result)/(len(r_xyz)-5))
m0 = float(m0[0][0])
print('单位权中误差为:',m0,'\n')
Qx = (A.T * A).I
mfi1 = m0 * np.sqrt(Qx[0,0])
mfi2 = m0 * np.sqrt(Qx[1,1])
mw2 = m0 * np.sqrt(Qx[2,2])
mk1 = m0 * np.sqrt(Qx[3,3])
mk2 = m0 * np.sqrt(Qx[4,4])
print('fi1,fi2,w2,k1,k2 的中误差是:',mfi1,'\n',mfi2,'\n',mw2,'\n',mk1,'\n',mk2,'\n')
```

8.4 解析法模型的绝对定向

8.4.1 绝对定向原理

像对相对定向仅仅是恢复了摄影时像片之间的相对位置，所建立的立体模型相对于地面的绝对位置并没有恢复，因而模型点坐标是相对于像空间辅助坐标系的。要求出模型在地面坐标系中的绝对位置，就要把模型点在像空间辅助坐标系的坐标转化为地面坐标，这项工作称为模型的绝对定向。模型的绝对定向是根据地面控制点进行的。

1. 模型点坐标的计算

在计算出相对定向元素以后，就可类比前方交会方法，计算模型点的坐标。左、右像点的像空间辅助坐标可表示为

$$\begin{bmatrix} u \\ v \\ w \end{bmatrix} = \begin{bmatrix} a_1 & a_2 & a_3 \\ b_1 & b_2 & b_3 \\ c_1 & c_2 & c_3 \end{bmatrix} \begin{bmatrix} x \\ y \\ -f \end{bmatrix}$$

$$\begin{bmatrix} u' \\ v' \\ w' \end{bmatrix} = \begin{bmatrix} a_1' & a_2' & a_3' \\ b_1' & b_2' & b_3' \\ c_1' & c_2' & c_3' \end{bmatrix} \begin{bmatrix} x' \\ y' \\ -f \end{bmatrix}$$

按式（8.14）计算左、右像点投影系数：

$$\begin{cases} N = \dfrac{b_u w' - b_w' u'}{uw' - u'w} \\ N' = \dfrac{b_u w - b_w u}{uw' - u'w} \end{cases} \tag{8.33}$$

在单独像对的相对定向中采用基线坐标时，S' 在 $S\text{-}uvw$ 坐标系中的坐标为 $b_u = b$，$b_v = b_w = 0$，由式（8.33）可得

$$\begin{cases} N = \dfrac{bw'}{uw' - u'w} \\ N' = \dfrac{bw}{uw' - u'w} \end{cases} \tag{8.34}$$

最后求得模型点坐标为

$$\begin{cases} U = Nu = b_u + N'u' \\ V = Nv = b_v + N'v' \\ W = Nw = b_w + N'w' \end{cases} \tag{8.35}$$

用单独像对相对定向时，则有

$$\begin{cases} U = Nu = b + N'u' \\ V = Nv = N'v' \\ W = Nw = N'w' \end{cases} \tag{8.36}$$

2. 地面坐标系转换为地面参考坐标系

控制点的地面坐标一般是按全国统一的地面坐标系确定的，属于左手系，东西向为 Y_t

轴，南北向为 X_t 轴，Z_t 轴垂直于水平面。而像空间辅助坐标系是取航线方向为 U 轴，属右手系。为使模型绝对定向时的旋角 κ 接近于小值，需要将控制点的地面坐标转换为地面参考坐标系，即坐标系采用右手系，坐标原点平移到测区附近或测区左端某地面控制点上，X 轴应与航线方向像空间辅助坐标系的 U 轴大致一致。

设地面坐标系 $T\text{-}X_tY_tZ_t$（图 8.8）为左手系。建立地面参考坐标系，将坐标原点 T 在 X_tY_t 平面内平移 X_{t_0}、Y_{t_0} 值到 G，X_t 轴和 Y_t 轴进行反射变换成右手系，再在 X_t、Y_t 平面内旋转 θ 角（逆时针方向为正），最后轴系单位长度变换是乘以比例因子 λ。因而地面坐标系中任一地面控制点转换到地面参考坐标系 $G\text{-}XYZ$ 中的坐标值可表示为

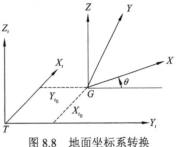

图 8.8 地面坐标系转换

$$\begin{bmatrix} X \\ Y \\ Z \end{bmatrix} = \lambda \begin{bmatrix} \sin\theta & \cos\theta & 0 \\ \cos\theta & -\sin\theta & 0 \\ 0 & 0 & 1 \end{bmatrix} \begin{bmatrix} X_t - X_{t_0} \\ Y_t - Y_{t_0} \\ Z_t \end{bmatrix} \tag{8.37a}$$

式中：系数矩阵的行列式等于-1，为非正常正交矩阵，是旋转与反射的乘积，而且 $\boldsymbol{R}^{\mathrm{T}} = \boldsymbol{R}^{-1}$。

令 $a = \lambda\sin\theta$，$b = \lambda\cos\theta$，$\lambda = \sqrt{a^2 + b^2}$，代入式（8.37a）得

$$\begin{bmatrix} X \\ Y \\ Z \end{bmatrix} = \begin{bmatrix} a & b & 0 \\ b & -a & 0 \\ 0 & 0 & \lambda \end{bmatrix} \begin{bmatrix} X_t - X_{t_0} \\ Y_t - Y_{t_0} \\ Z_t \end{bmatrix} \tag{8.37b}$$

设在模型左、右两端有地面控制点 A 和 B，其地面坐标相应为 X_{tA}、Y_{tA}、Z_{tA} 和 X_{tB}、Y_{tB}、Z_{tB}，则其地面参考坐标为

$$\begin{cases} X_A = a(X_{tA} - X_{t_0}) + b(Y_{tA} - Y_{t_0}) \\ Y_A = b(X_{tA} - X_{t_0}) - a(Y_{tA} - Y_{t_0}) \\ Z_A = \lambda Z_{tA} \end{cases}$$

$$\begin{cases} X_B = a(X_{tB} - X_{t_0}) + b(Y_{tB} - Y_{t_0}) \\ Y_B = b(X_{tB} - X_{t_0}) - a(Y_{tB} - Y_{t_0}) \\ Z_B = \lambda Z_{tB} \end{cases}$$

两两相减得

$$\begin{cases} \Delta X = a\Delta X_t + b\Delta Y_t \\ \Delta Y = b\Delta X_t - a\Delta Y_t \end{cases} \tag{8.38}$$

式中：$\Delta X = X_B - X_A$；$\Delta Y = Y_B - Y_A$；$\Delta X_t = X_{tB} - X_{tA}$；$\Delta Y_t = Y_{tB} - Y_{tA}$。

若该地面控制点 B 和 A 的模型点坐标为 (U_B, V_B, W_B) 和 (U_A, V_A, W_A)，为了使模型在绝对定向中的旋角 κ 接近于零，也就是使地面参考坐标系的 X 轴与像空间辅助坐标系的 U 轴相一致，以及两坐标系单位长度相同，即地面点 A 和 B 在地面参考坐标系中的坐标值等于相应模型点在像空间辅助坐标系中的坐标值，则取

$$\Delta X = \Delta U \quad \Delta Y = \Delta V \quad (\Delta U = U_B - U_A, \Delta V = V_B - V_A)$$

代入式（8.38）并联立求解得

$$\begin{cases} a = \dfrac{\Delta U \cdot \Delta X_t - \Delta V \cdot \Delta Y_t}{\Delta X_t^2 + \Delta Y_t^2} \\[3mm] b = \dfrac{\Delta U \cdot \Delta Y_t + \Delta V \cdot \Delta X_t}{\Delta X_t^2 + \Delta Y_t^2} \\[3mm] \lambda = \sqrt{a^2 + b^2} = \sqrt{\dfrac{\Delta U^2 + \Delta V^2}{\Delta X_t^2 + \Delta Y_t^2}} \end{cases} \tag{8.39}$$

用式（8.39）求出系数 a、b 和 λ 后，就可根据式（8.37b）将控制点地面坐标换算成地面参考坐标系中的坐标值，作为模型绝对定向的依据。

在模型绝对定向后，所得的加密点坐标是依附于地面参考坐标系的，最后还应反算到地面坐标系中，由于正交矩阵的 $\boldsymbol{R}^{\mathrm{T}} = \boldsymbol{R}^{-1}$，由式（8.37a）和式（8.37b）可得

$$\begin{bmatrix} X_t \\ Y_t \\ Z_t \end{bmatrix} = \frac{1}{\lambda^2} \begin{bmatrix} a & b & 0 \\ b & -a & 0 \\ 0 & 0 & 1 \end{bmatrix} \begin{bmatrix} X \\ Y \\ Z \end{bmatrix} + \begin{bmatrix} X_{t_0} \\ Y_{t_0} \\ 0 \end{bmatrix} \tag{8.40}$$

式（8.37b）和式（8.40）中地面参考坐标系原点的坐标(X_{t_0}, Y_{t_0})，可以是某些整数数值，也可以直接取模型左端的一个控制点在 $X_t Y_t$ 平面上的坐标，如取 A 点作为原点，则 $X_{t_0} = X_{tA}$ 和 $Y_{t_0} = Y_{tA}$。

3. 模型绝对定向的基本公式

模型的绝对定向就是将模型点在像空间辅助坐标系的坐标变换到地面参考坐标系中，实质上就是两个坐标系的空间相似变换问题，表示为

$$\begin{bmatrix} X \\ Y \\ Z \end{bmatrix} = \lambda \cdot \boldsymbol{R} \begin{bmatrix} U \\ V \\ W \end{bmatrix} + \begin{bmatrix} X_S \\ Y_S \\ Z_S \end{bmatrix} \tag{8.41}$$

式中：(U, V, W)为模型点在像空间辅助坐标系中的坐标；(X, Y, Z)为模型点在地面参考坐标系中的坐标；X_S、Y_S、Z_S 为模型平移量；λ 为模型缩放比例因子；$\boldsymbol{R}$ 为旋转矩阵，由轴系的三个转角 Φ、Ω、K 组成。式（8.41）中共有 7 个未知数：X_S、Y_S、Z_S、λ、Φ、Ω 和 K。这 7 个未知数称为 7 个绝对定向元素。

为便于计算，对式（8.41）进行线性化。为此引入 7 个绝对定向元素的初始值和改正数，即

$$\begin{cases} X_S = X_{S_0} + \Delta X_S \\ Y_S = Y_{S_0} + \Delta Y_S \\ Z_S = Z_{S_0} + \Delta Z_S \\ \lambda = \lambda_0 (1 + \Delta\lambda) \\ \Phi = \Phi_0 + \Delta\Phi \\ \Omega = \Omega_0 + \Delta\Omega \\ K = K_0 + \Delta K \\ \boldsymbol{R} = \Delta\boldsymbol{R} \cdot \boldsymbol{R}_0 \end{cases} \tag{8.42}$$

$\Delta\boldsymbol{R}$ 在只考虑小值一次项时，计算式为

$$\Delta R = \begin{bmatrix} 1 & -\Delta K & -\Delta \Phi \\ \Delta K & 1 & -\Delta \Omega \\ \Delta \Phi & \Delta \Omega & 1 \end{bmatrix} = \begin{bmatrix} 1 & 0 & 0 \\ 0 & 1 & 0 \\ 0 & 0 & 1 \end{bmatrix} + \begin{bmatrix} 0 & -\Delta K & -\Delta \Phi \\ \Delta K & 0 & -\Delta \Omega \\ \Delta \Phi & \Delta \Omega & 0 \end{bmatrix} \tag{8.43}$$

由此空间相似变换式（8.41）可表示为

$$\begin{bmatrix} X \\ Y \\ Z \end{bmatrix} = (\lambda_0 + \Delta \lambda \cdot \lambda_0) \Delta \boldsymbol{R} \cdot \boldsymbol{R}_0 \begin{bmatrix} U \\ V \\ W \end{bmatrix} + \begin{bmatrix} X_{S_0} + \Delta X_S \\ Y_{S_0} + \Delta Y_S \\ Z_{S_0} + \Delta Z_S \end{bmatrix} \tag{8.44}$$

$$\begin{bmatrix} X \\ Y \\ Z \end{bmatrix} = (\lambda_0 + \Delta \lambda \cdot \lambda_0) \left(\begin{bmatrix} 1 & 0 & 0 \\ 0 & 1 & 0 \\ 0 & 0 & 1 \end{bmatrix} + \begin{bmatrix} 0 & -\Delta K & -\Delta \Phi \\ \Delta K & 0 & -\Delta \Omega \\ \Delta \Phi & \Delta \Omega & 0 \end{bmatrix} \right) \boldsymbol{R}_0 \begin{bmatrix} U \\ V \\ W \end{bmatrix} + \begin{bmatrix} X_{S_0} \\ Y_{S_0} \\ Z_{S_0} \end{bmatrix} + \begin{bmatrix} \Delta X_S \\ \Delta Y_S \\ \Delta Z_S \end{bmatrix}$$

一般情况下，用于绝对定向的控制点数目均比必要的数目多，这样取坐标变换前的坐标 U，V，W 为观测值，并令 v_U、v_V、v_W 为其改正值，则可表示为

$$\begin{bmatrix} X \\ Y \\ Z \end{bmatrix} = (\lambda_0 + \Delta \lambda \cdot \lambda_0) \left(\begin{bmatrix} 1 & 0 & 0 \\ 0 & 1 & 0 \\ 0 & 0 & 1 \end{bmatrix} + \begin{bmatrix} 0 & -\Delta K & -\Delta \Phi \\ \Delta K & 0 & -\Delta \Omega \\ \Delta \Phi & \Delta \Omega & 0 \end{bmatrix} \right) \boldsymbol{R}_0 \begin{bmatrix} U + v_U \\ V + v_V \\ W + v_W \end{bmatrix} + \begin{bmatrix} X_{S_0} \\ Y_{S_0} \\ Z_{S_0} \end{bmatrix} + \begin{bmatrix} \Delta X_S \\ \Delta Y_S \\ \Delta Z_S \end{bmatrix}$$

展开上式，舍去二次小值项得

$$\begin{bmatrix} X \\ Y \\ Z \end{bmatrix} = \lambda_0 \boldsymbol{R}_0 \begin{bmatrix} U \\ V \\ W \end{bmatrix} + \lambda_0 \boldsymbol{R}_0 \begin{bmatrix} v_U \\ v_V \\ v_W \end{bmatrix} + \begin{bmatrix} 0 & -\Delta K & -\Delta \Phi \\ \Delta K & 0 & -\Delta \Omega \\ \Delta \Phi & \Delta \Omega & 0 \end{bmatrix} \lambda_0 \boldsymbol{R}_0 \begin{bmatrix} U \\ V \\ W \end{bmatrix}$$

$$+ \Delta \lambda \lambda_0 \boldsymbol{R}_0 \begin{bmatrix} U \\ V \\ W \end{bmatrix} + \begin{bmatrix} X_{S_0} \\ Y_{S_0} \\ Z_{S_0} \end{bmatrix} + \begin{bmatrix} \Delta X_S \\ \Delta Y_S \\ \Delta Z_S \end{bmatrix}$$

整理第三项和第四项得

$$\begin{bmatrix} X \\ Y \\ Z \end{bmatrix} = \lambda_0 \boldsymbol{R}_0 \begin{bmatrix} U \\ V \\ W \end{bmatrix} + \lambda_0 \boldsymbol{R}_0 \begin{bmatrix} v_U \\ v_V \\ v_W \end{bmatrix} + \begin{bmatrix} \Delta \lambda & -\Delta K & -\Delta \Phi \\ \Delta K & \Delta \lambda & -\Delta \Omega \\ \Delta \Phi & \Delta \Omega & \Delta \lambda \end{bmatrix} \lambda_0 \boldsymbol{R}_0 \begin{bmatrix} U \\ V \\ W \end{bmatrix} + \begin{bmatrix} X_{S_0} \\ Y_{S_0} \\ Z_{S_0} \end{bmatrix} + \begin{bmatrix} \Delta X_S \\ \Delta Y_S \\ \Delta Z_S \end{bmatrix}$$

写成误差方程式形式

$$-\lambda_0 \boldsymbol{R}_0 \begin{bmatrix} v_U \\ v_V \\ v_W \end{bmatrix} = \begin{bmatrix} \Delta \lambda & -\Delta K & -\Delta \Phi \\ \Delta K & \Delta \lambda & -\Delta \Omega \\ \Delta \Phi & \Delta \Omega & \Delta \lambda \end{bmatrix} \lambda_0 \boldsymbol{R}_0 \begin{bmatrix} U \\ V \\ W \end{bmatrix} + \begin{bmatrix} \Delta X_S \\ \Delta Y_S \\ \Delta Z_S \end{bmatrix} - \begin{bmatrix} l_U \\ l_V \\ l_W \end{bmatrix} \tag{8.45}$$

式中

$$\begin{bmatrix} l_U \\ l_V \\ l_W \end{bmatrix} = \begin{bmatrix} X \\ Y \\ Z \end{bmatrix} - \lambda_0 \boldsymbol{R}_0 \begin{bmatrix} U \\ V \\ W \end{bmatrix} - \begin{bmatrix} X_{S_0} \\ Y_{S_0} \\ Z_{S_0} \end{bmatrix} \tag{8.46}$$

将 $\lambda_0\boldsymbol{R}_0\begin{bmatrix} v_U \\ v_V \\ v_W \end{bmatrix}$ 写成 $\begin{bmatrix} v_U \\ v_V \\ v_W \end{bmatrix}$，$\lambda_0\boldsymbol{R}_0\begin{bmatrix} U \\ V \\ W \end{bmatrix}$ 写成 $\begin{bmatrix} U \\ V \\ W \end{bmatrix}$，式中 $\begin{bmatrix} U \\ V \\ W \end{bmatrix}$ 总是用改正过的 λ_0、$\boldsymbol{R}_0$，即

$\lambda_0(1+\Delta\lambda)$、$\Delta\boldsymbol{R}\cdot\boldsymbol{R}_0$ 新值来计算[式（8.44）]，则式（8.45）可表示为

$$-\begin{bmatrix} v_U \\ v_V \\ v_W \end{bmatrix} = \begin{bmatrix} \Delta\lambda & -\Delta K & -\Delta\Phi \\ \Delta K & \Delta\lambda & -\Delta\Omega \\ \Delta\Phi & \Delta\Omega & \Delta\lambda \end{bmatrix}\begin{bmatrix} U \\ V \\ W \end{bmatrix} + \begin{bmatrix} \Delta X_S \\ \Delta Y_S \\ \Delta Z_S \end{bmatrix} - \begin{bmatrix} l_U \\ l_V \\ l_W \end{bmatrix}$$

或写成

$$-\begin{bmatrix} v_U \\ v_V \\ v_W \end{bmatrix} = \begin{bmatrix} 0 & -W & -V & U & \vdots & 1 & 0 & 0 \\ -W & 0 & U & V & \vdots & 0 & 1 & 0 \\ V & U & 0 & W & \vdots & 0 & 0 & 1 \end{bmatrix}\begin{bmatrix} \Delta\Omega \\ \Delta\Phi \\ \Delta K \\ \Delta\lambda \\ \cdots \\ \Delta X_S \\ \Delta Y_S \\ \Delta Z_S \end{bmatrix} - \begin{bmatrix} l_U \\ l_V \\ l_W \end{bmatrix} \qquad (8.47)$$

对常数项的计算，式（8.46）中的 λ_0、$\boldsymbol{R}_0$ 都应取改正过的新值，即 $\lambda_0(1+\Delta\lambda)$、$\Delta\boldsymbol{R}\cdot\boldsymbol{R}_0$。

对每一个控制点可列出三个误差方程式，如有 n 个对应控制点，即可列出 $3n$ 个误差方程式。组成法方程式，经解算后得到初始值的改正值加到初始值上得到新的近似值：

$$\Phi_1 = \Phi_0 + \Delta\Phi_1 \qquad X_{S_1} = X_{S_0} + \Delta X_{S_1}$$
$$\Omega_1 = \Omega_0 + \Delta\Omega_1 \qquad Y_{S_1} = Y_{S_0} + \Delta Y_{S_1}$$
$$K_1 = K_0 + \Delta K_1 \qquad Z_{S_1} = Z_{S_0} + \Delta Z_{S_1}$$
$$\lambda_1 = (1+\Delta\lambda_1)\lambda_0$$

将近似值再次作为初始值看待，重新建立误差方程式，再次求改正值，直至各改正值小于规定限差值为止。

旋转矩阵独立参数：

$$\Phi = (((\Phi_0+\Delta\Phi_1)+\Delta\Phi_2)+\cdots)$$
$$\Omega = (((\Omega_0+\Delta\Omega_1)+\Delta\Omega_2)+\cdots)$$
$$K = (((K_0+\Delta K_1)+\Delta K_2)+\cdots)$$

比例因子：

$$\lambda = \lambda_{i-1}(1+\Delta\lambda_i)$$

坐标原点平移值：

$$X_S = (((X_{S_0}+\Delta X_{S_1})+\Delta X_{S_2})+\cdots)$$
$$Y_S = (((Y_{S_0}+\Delta Y_{S_1})+\Delta Y_{S_2})+\cdots)$$
$$Z_S = (((Z_{S_0}+\Delta Z_{S_1})+\Delta Z_{S_2})+\cdots)$$

在取得 7 个绝对定向元素之后，就可利用绝对定向的空间相似变换式（8.41）将模型点坐标 (U, V, W) 换算为地面参考坐标系中的坐标值 (X, Y, Z)。

4. 坐标的重心化

为了计算简便，模型绝对定向在采用空间相似变换过程中，往往用控制点坐标的重心作为坐标系原点。以重心为原点的坐标称为重心化的坐标。这种数据处理方法的好处是：可以减少模型点坐标在计算过程中的有效位数，以保证计算精度；可以使法方程系数简化，个别项的数值变为零，部分未知数可以分开求解，从而提高计算速度。

重心坐标是由参加解求相似变换待定值的控制点，取其坐标算术平均值求出的。模型点的重心坐标应由各控制点的模型坐标求出：

$$U_G = \frac{\sum\limits_1^n U}{n}, \quad V_G = \frac{\sum\limits_1^n V}{n}, \quad W_G = \frac{\sum\limits_1^n W}{n} \tag{8.48a}$$

而各模型点的重心化坐标为

$$\begin{cases} \bar{U} = U - U_G = U - \dfrac{\sum\limits_1^n U}{n} \\[4mm] \bar{V} = V - V_G = V - \dfrac{\sum\limits_1^n V}{n} \\[4mm] \bar{W} = W - W_G = W - \dfrac{\sum\limits_1^n W}{n} \end{cases} \tag{8.48b}$$

同样，相应的控制点在地面参考坐标系中的重心坐标为

$$X_G = \frac{\sum\limits_1^n X}{n}, \quad Y_G = \frac{\sum\limits_1^n Y}{n}, \quad Z_G = \frac{\sum\limits_1^n Z}{n} \tag{8.49a}$$

而各控制点的重心化坐标为

$$\begin{cases} \bar{X} = X - X_G = X - \dfrac{\sum\limits_1^n X}{n} \\[4mm] \bar{Y} = Y - Y_G = Y - \dfrac{\sum\limits_1^n Y}{n} \\[4mm] \bar{Z} = Z - Z_G = Z - \dfrac{\sum\limits_1^n Z}{n} \end{cases} \tag{8.49b}$$

8.4.2 绝对定向计算步骤

（1）确定待定参数的初始值，$\Phi_0 = \Omega_0 = K_0 = 0$，$\lambda_0 = 1$，$X_{S_0} = Y_{S_0} = Z_{S_0} = 0$。

（2）计算控制点的地面摄影测量坐标系重心的坐标和重心化坐标。

（3）计算控制点的空间辅助坐标系重心的坐标和重心化坐标。

（4）计算常数项。

（5）按式（8.40）计算误差方程式系数。

（6）逐点法化及法方程求解。

（7）计算待定参数的新值：$\lambda=\lambda_0(1+\Delta\lambda)$；$\varPhi=\varPhi_0+\Delta\varPhi$；$\varOmega=\varOmega_0+\Delta\varOmega$；$K=K_0+\Delta K$。

（8）判断 $\Delta\varPhi$、$\Delta\varOmega$、ΔK 是否小于给定的限值。若大于限值，将求得的所有未知参数的改正数加到近似值，重复上述计算过程，逐步趋近，直到满足要求。

求出绝对定向元素后，可根据待求点的重心化坐标 $(\overline{U},\overline{V},\overline{W})$ 按式（8.49b）求出待求点的重心化地面摄影测量坐标 $(\overline{X},\overline{Y},\overline{Z})$，再加上重心坐标 (X_G,Y_G,Z_G) 后得待求点的地面摄影测量坐标(X,Y,Z)。最后将地面摄影测量坐标再转回到地面测量坐标，提交成果。

8.4.3　核心代码

求解绝对定向的代码如下。

```
#include <iostream>
#include <opencv2/opencv.hpp>
#include <vector>
using namespace cv;
using namespace std;
//求解绝对定向的步骤
/*
(1) 给定 7 个参数的初始值 phi = omega = kappa = 0 scale = 1 X = Y =Z= 0;
(2) 计算控制点地面坐标系的重心坐标和各控制点重心化的坐标;
(3) 计算模型点空间坐标系的重心坐标和各模型点重心化的坐标;
(4) 计算常数项误差方程的常数项(矩阵表示);
(5) 计算误差方程的系数矩阵,一般为 3×7 矩阵(多个控制点则表示为 3n×7);
(6) 逐点法化求解法方程;
(7) 计算待定系数(scale phi omega kappa)的新值;
(8) 判断待定系数改正数是否均小于限定阈值;
(9) 根据求解的系数(scale phi omega kappa)代入重心变换方程求解 X、Y、Z。
*/
#define NUM 4                                    //地面控制点数量
#define yuzhi 0.001                              //阈值
#define PI 3.14159265358975
//矩阵的数乘
Mat muul(Mat& p,double s) {
    int row = p.rows;
    int col = p.cols;
    Mat res = Mat_<double>(row,col);
    for (int i = 0; i < row; i++)
    {
```

```
    for (int j = 0; j < col; j++)
    {
        res.at <double>(i,j) = s;
    }
}
res = p.mul(res);
double a = res.at<double>(0,0);
return res;
}
```

//求重心
```
Mat getCenter(vector<Mat> &vec1) {
    int num = vec1.size( );
    Mat p1 = (Mat_<double>(3,1) << 0.0,0.0,0.0);
    for (int i = 0; i < num; i++)
    {
        p1 = p1 + vec1[i];
    }
    double cc = 1/(double)num;
    Mat res = muul(p1,cc);
    double a = res.at<double>(0,0);
    return res;
}
```

//摄影测量 R 矩阵
```
Mat getR(double omiga,double phi,double kappa) {
    double a1 = cos(phi) * cos(kappa) - sin(phi) * sin(omiga) * sin(kappa);
    double a2 = -cos(phi) * sin(kappa) - sin(phi) * sin(omiga) * cos(kappa);
    double a3 = -sin(phi) * cos(omiga);
    double b1 = cos(omiga) * sin(kappa);
    double b2 = cos(omiga) * cos(kappa);
    double b3 = -sin(omiga);
    double c1 = sin(phi) * cos(kappa) + cos(phi) * sin(omiga) * sin(kappa);
    double c2 = -sin(phi) * sin(kappa) + cos(phi) * sin(omiga) * cos(kappa);
    double c3 = cos(phi) * cos(omiga);
    Mat result = (Mat_<double>(3,3) << a1,a2,a3,b1,b2,b3,c1,c2,c3);
    return result;
}
```

//多个控制点的矩阵形式转换
```
Mat transMat(vector<Mat>& vec,int num) {
    Mat ret = vec[0];
    for (int i = 1; i < vec.size( ); i++)
```

```
        {
            vconcat(ret,vec[i],ret);
        }
        return ret;}
    //L
    Mat getL(vector<Mat>& vec_tp,vector<Mat>& vec,double scale,Mat& r) {
        vector<Mat> vec_L;
        for (int i = 0; i < vec.size( ); i++)
        {
            Mat m_tp = vec_tp[i];
            Mat m = vec[i];
            Mat r_m = r * m;
            Mat L = m_tp - muul(r_m,scale);
            vec_L.push_back(L);
        }
        Mat LL = transMat(vec_L,NUM);
        return LL;}
    //A
    Mat getA(vector<Mat> &vec) {
        vector<Mat> vec_A;
        for (int i = 0; i < vec.size( ); i++)
        {
            Mat m = vec[i];
            double X = m.at<double>(0,0);
            double Y = m.at<double>(1,0);
            double Z = m.at<double>(2,0);
            Mat A = (Mat_<double>(3,7) << 1,0,0,X,-Z,0,-Y,
                0,1,0,Y,0,-Z,X,
                0,0,1,Z,X,Y,0);
            vec_A.push_back(A);
        }
        Mat AA = transMat(vec_A,NUM);
        return AA;
    }
    //求重心化
    vector<Mat> centerMat(vector<Mat> &p1,Mat &center) {
        vector<Mat> result;
        for (int i = 0; i < p1.size( ); i++)
        {
            Mat m = p1[i];
```

```cpp
            Mat res_m = m - center;
            result.push_back(res_m);
        }
        return result;}
```
//计算改正数
```cpp
    Mat getX(Mat& A,Mat& L) {
        Mat AtA = (A.t( )) * A;
        Mat nAtA;
        invert(AtA,nAtA,DECOMP_LU);
        Mat X = nAtA * (A.t( )) * L;
        return X;}
    int main(int argc,char* argv[]) {
```
        //初始化参数
```cpp
        double scale = 1.0;
        double omega = 0.0;
        double phi = 0.0;
        double kappa = 0.0;
        double X = 0.0;
        double Y = 0.0;
        double Z = 0.0;
```
        //改正数
```cpp
        double d_scale = 1.0;
        double d_phi = 1.0;
        double d_omega = 1.0;
        double d_kappa = 1.0;
        double yuzhi = yuzhi;
```
        /*输入坐标*/
```cpp
    vector<Mat> vec1 = {(Mat_<double>(3,1)<< u1,v1,w1),(Mat_<double>(3,1) <<
u2,v2,w2) ,(Mat_<double>(3,1) << u3,v3,w3) ,(Mat_<double>(3,1) << u4,v4,w4) };
```
    //像辅助原始点坐标
```cpp
        vector<Mat> vec2 = {(Mat_<double>(3,1) << X1,Y1,Z1),(Mat_<double>(3,1) <<
X2,Y2,Z2) ,(Mat_<double>(3,1) << X3,Y3,Z3) ,(Mat_<double>(3,1) << X4,Y4,Z4) };
```
    //控制点地面原始点坐标
```cpp
        vector<Mat> center_vec1;//像辅助重心化点坐标
        vector<Mat> center_vec2;//控制点地面重心化点坐标
```
    //求解重心和重心化坐标
```cpp
        Mat center1 = getCenter(vec1);
        Mat center2 = getCenter(vec2);
        center_vec1 = centerMat(vec1,center1);
        center_vec2 = centerMat(vec2,center2);
```

```
        while (!(!(fabs(d_kappa) > yuzhi) && !(fabs(d_omega) > yuzhi) && !(fabs(d_phi)
> yuzhi)))
            {
                //获得矩阵形式的 R, A L
                Mat R = getR(omega,phi,kappa);
                Mat A = getA(center_vec1);
                Mat L = getL(center_vec2,center_vec1,scale,R);
                //计算改正数
                Mat XX = getX(A,L);
                //计算新值
                d_scale = XX.at<double>(3,0);
                d_phi = XX.at<double>(4,0);
                d_omega = XX.at <double>(5,0);
                d_kappa = XX.at<double>(6,0);
                scale = scale *(1 + d_scale);
                phi += d_phi;
                omega += d_omega;
                kappa += d_kappa;
            }
            //计算最终的 X,Y,Z
        Mat R = getR(omega,phi,kappa);
        Mat XYZ;
        Mat r_center1 = R * center1;
        XYZ = center2 - muul(r_center1,scale);
        double pi = PI;
        double dS_omega = (180/pi)*(omega - int(omega/(2*pi)) * (2*pi));
        double dS_phi = (180/pi) * (phi - int(phi/(2 * pi)) * (2 * pi));
        double dS_kappa = (180/pi) * (kappa - int(kappa/(2 * pi)) * (2 * pi));
        X = XYZ.at<double>(0,0);
        Y = XYZ.at<double>(1,0);
        Z = XYZ.at<double>(2,0);
        return 1;}
```

8.5　特征提取及影像匹配

8.5.1　特征提取

　　点特征影像匹配的关键是点特征的提取。图像中的角点（也称为拐点）是指图像中具有高曲率的点，它是景物目标边缘曲率较大的地方或两条、多条边的交点。以目标图像的角点作为目标的几何特征有重要意义，因为它具有目标几何形状信息。同时，由于角点具有旋转不变性，几乎不受光照条件的影响。角点只包含图像中大约 0.05%的像素点，在没有丢失图像数据信息的条件下，角点是最小化了的要处理的数据量，因此角点检测具有实用价值。

1. Moravec 算子

提取点特征的算子称为兴趣算子（interest operator）或有利算子，即运用某种算法从影像中提取感兴趣的，即有利于某种目的的点。现在已有一系列具有不同特色的兴趣算子，比较知名的有 Moravec 点特征提取算子等，该算子是由 Moravec 于 1977 年提出的，它是一种利用灰度方差提取点特征的算子。

Moravec 点特征提取算子的基本原理如图 8.9 所示，选取一个合理的邻域遍历图像，这里是 5×5 邻域。在邻域中依次计算垂直、水平、对角与反对角 4 个相邻像素灰度的差的平方和，作为该邻域的特征值，步骤如下。

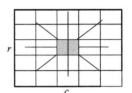

图 8.9 Moravec 算子

（1）计算各像元的兴趣值（interest value，IV）。即计算各像元 4 个方向相邻像素灰度差的平方和，取其中的最小值作为该像素的兴趣值。

如图 8.9 所示，中心像素为（c,r），则该窗口 4 个方向相邻像素灰度差的平方和为

$$\begin{cases} V_1 = \sum_{i=-k}^{k-1} (g_{c+i,r} - g_{c+i+1,r})^2 \\ V_2 = \sum_{i=-k}^{k-1} (g_{c+i,r+i} - g_{c+i+1,r+i+1})^2 \\ V_3 = \sum_{i=-k}^{k-1} (g_{c,r+i} - g_{c,r+i+1})^2 \\ V_4 = \sum_{i=-k}^{k-1} (g_{c+i,r-i} - g_{c+i+1,r-i-1})^2 \end{cases} \tag{8.50}$$

取其中的最小者作为该像素点（c,r）的兴趣值，即

$$IV_{c,r} = \min\{V_1, V_2, V_3, V_4\} \tag{8.51}$$

（2）给定一阈值，将兴趣值大于该阈值的点作为候选点。

（3）选取候选点中的极值点作为特征点。即在一定大小的窗口内，将候选点中兴趣值不是最大的去掉，仅留下一个兴趣值最大者，这一操作也称为非极大值抑制。

Moravec 算子的核心代码如下。

```
std::vector<cv::Point>MoravecCornerDetect(const cv::Mat &srcImg,int
windowSize,int threshold)
{
std::vector<cv::Point> corners;
if (windowSize % 2 == 0)
windowSize += 1;
cv::Mat img = srcImg.clone( );
if (img.channels( ) != 1)
cv::cvtColor(img,img,cv::COLOR_RGB2GRAY);
```

```cpp
int r = windowSize/2;
cv::GaussianBlur(img,img,cv::Size(windowSize,windowSize),0,0);
cv::Mat interestImg = cv::Mat::zeros(img.size( ),CV_32FC1);
//计算兴趣值
for (int i = r; i < img.rows - r; i++)
for (int j = r; j < img.cols - r; j++)
{
double value[4] = {0.0};
double minValue = 0.0;
for (int k = -r; k <= r; k++)
{
value[0] += pow(img.at<uchar>(i + k,j) - img.at<uchar>(i + k + 1,j),2);
value[1] += pow(img.at<uchar>(i,j + k) - img.at<uchar>(i,j + k + 1),2);
value[2] += pow(img.at<uchar>(i + k,j + k) - img.at<uchar>(i + k + 1,j +
k + 1),2);
value[3] += pow(img.at<uchar>(i + k,j - k) - img.at<uchar>(i + k + 1,j -
k - 1),2);
}
minValue = std::min(std::min(value[0],value[1]),std::min(value[2], value[3]));
interestImg.at<float>(i,j) = minValue;
}
//选取候选点
int maxValue;
cv::Point point;
for(int i = r; i < img.rows - r;)
{
for(int j = r; j < img.cols - r;)
{
point.x = -1;
point.y = -1;
maxValue = 0;
for(int m = -r; m < r; m++)
{
for(int n = -r; n < r; n++)
{
if(interestImg.at<float>(i + m,j + n) > maxValue)
{
maxValue = interestImg.at<float>(i + m,j + n);
point.y = i + m;
point.x = j + n;
}
```

```
}
}
if(maxValue > threshold)
{
corners.push_back(point);
}
j += windowSize;
}
i += windowSize;
}
return corners;
}
```

选择不同特征图像进行实验，获取结果如图 8.10～图 8.13 所示。

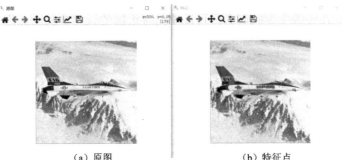

（a）原图　　　　　　　　　　（b）特征点

图 8.10　Moravec 特征提取实验结果 1

（a）原图　　　　　　　　　　（b）特征点

图 8.11　Moravec 特征提取实验结果 2

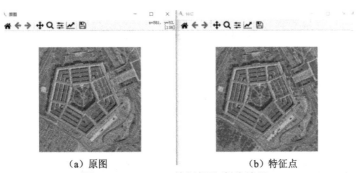

（a）原图　　　　　　　　　　（b）特征点

图 8.12　Moravec 特征提取实验结果 3

（a）原图 （b）特征点

图 8.13 Moravec 特征提取实验结果 4

2. Forstner 算子

Forstner 算子因具有较快的计算速度和较高的精度，被广泛应用于摄影测量和图像配准。其核心思想是：通过计算图像各个像元的 Robert 梯度和以该像元为中心的一个窗口的灰度协方差矩阵，在图像中寻找具有尽可能小而接近圆的误差椭圆的点作为特征点。

Forstner 算子的计算流程如图 8.14 所示，具体步骤如下。

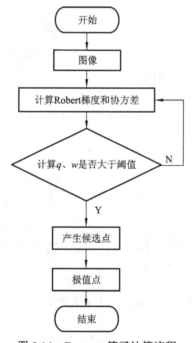

图 8.14 Forstner 算子计算流程

（1）计算像素各个方向的 Robert 梯度。

（2）计算窗口中灰度的协方差矩阵。

（3）计算兴趣 w 和 q。

$$w = \frac{1}{\text{tr } Q} = \frac{\text{Det } N}{\text{tr } N}, \quad q = \frac{4\text{Det}N}{\text{tr } N^2} \tag{8.52}$$

式中：$\text{Det}N$ 为协方差矩阵 v 的行列式；$\text{tr}N$ 是协方差矩阵 N 的迹。当 $q > T_q$ 且 $w > T_w$ 时，该点像元可作为待定点。

Forstner 算子的核心代码如下。

```
//Forstner 算子提取特征点
function[TZ]=Forstern(img,n)
[h,w]=size(img);
imgs=img;
figure(1);
imshow(img,[]);
hold on;
result=zeros(h,w);
Qq=zeros(h,w);
Nn=zeros(h,w);
gu = zeros(h,w);
gv = zeros(h,w);
//依据 Robert 梯度计算 gu,gv
for i=1:h-1
    for j=1:w-1
        gu(i,j)=imgs(i+1,j+1)-imgs(i,j);
        gv(i,j)=imgs(i,j+1)-imgs(i+1,j);
    end
end
//5*5 窗口计算协方差矩阵
z=2;
for i=1+z:h-z
    for j=1+z:w-z
        gu_w=gu(i-z:i+z,j-z:j+z);
        gv_w=gv(i-z:i+z,j-z:j+z);
        gu2=gu_w.^2;
        gv2=gv_w.^2;
        sum_gu2=sum(gu2(:));
        sum_gv2=sum(gv2(:));
        guv=gu_w.*gv_w;
        sum_guv=sum(guv(:));
        N=[gu2,guv;guv,gv2];
        %Q=-N;
        q=4*det(N)/trace(N)^2;
        omg=det(N)/trace(N);
        Qq(i,j)=q;
        Nn(i,j)=omg;
    end
end
```

```
//将值为 NaN 数组置零
Z=find(isnan(Qq));
Qq(Z)=[0];
X=find(isnan(Nn));
Nn(X)=[0];
Tq=0.75;
Tw=mean(Nn(:));
//获取候选点
for i = 1+z:h-z
    for j = 1+z:w-z
        if Qq(i,j)<=Tq&&Nn(i,j)<=0.5*Tw
            Nn(i,j)=0;
        end
    end
end
//选取特征点
k=1;
TZ=zeros(k,2);
for i = 1+n:h-n
    for j = 1+n:w-n
            tempiv=Nn(i-n:i+n,j-n:j+n);
            if max(tempiv(:))==Nn(i,j)&&max(tempiv(:))~=0
                TZ(k,1)=i;
                TZ(k,2)=j;
                k=k+1;
            end
    end
end
end
```

8.5.2 相关系数影像匹配

1. 相关系数影像匹配原理

从左右两张影像中选出同名点，首先需要确定的是影像匹配的测度，根据不同的理论和方法可以确定不同的匹配测度，从而形成不同的匹配算法。基于统计理论而形成的相关系数影像匹配算法是其中比较成熟而稳定的一种匹配算法，相关系数定义为标准化的协方差函数。$g(x,y)$ 与 $g'(x',y')$ 的相关系数可表示为

$$\rho(p,q) = \frac{C(p,q)}{\sqrt{C_{gg}C_{g'g'}(p,q)}} \tag{8.53}$$

$$C_{gg} = \iint\limits_{(x,y)\in D} \{g(x,y) - E[g(x,y)]\}^2 \mathrm{d}x\mathrm{d}y \tag{8.54}$$

$$C_{g'g'}(p,q) = \iint\limits_{(x,y)\in D} \{g'(x+p,y+q) - E[g'(x+p,y+q)]\}^2 \mathrm{d}x\mathrm{d}y \tag{8.55}$$

若 $\rho(p_0, q_0) > \rho(p, q)$ $(p \neq p_0, q \neq q_0)$，则 p_0，q_0 为搜索区影像相对于目标区影像的位移参数。对于一维相关有 $q=0$。

相关系数影像匹配流程图如图 8.15 所示，具体步骤如下。

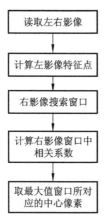

图 8.15　相关系数影像匹配流程图

（1）首先读取左影像，然后利用之前实现的 Moravec 算子对读取的左影像进行特征点的提取，同时随机记录下其中 5 个特征点的坐标。最后通过这 5 个特征点的坐标得到 5 个 5×5 的搜索窗口。

（2）通过循环将右影像中所有 5×5 的窗口与左影像的搜索窗口进行相关系数的计算，并找到相关系数最大的窗口，得到该窗口中心点像素值的坐标，该坐标即为与左影像特征点相匹配的点的坐标。

2. 核心代码

```
close all;
clear all;
clc;
il=imread('left.tif');
ir=imread('right.tif');
flight1 = double(rgb2gray (il(:,:,1:3)));
flight2 = double(rgb2gray (ir(:,:,1:3)));
[h,w]=size(flight1);
figure(1);
subplot(1,2,1);imshow(il(:,:,1:3));hold on;title('left');
subplot(1,2,2);imshow(ir(:,:,1:3));hold on;title('right');
imgs=zeros(h,w);
imgz=zeros(h,w);
```

```
//提取左像特征点
Tezheng=F(flight1,30);
Length=length(Tezheng);
for n=1:Length
    tzdx=Tezheng(n,2);
    tzdy=Tezheng(n,1);
    figure(1);
end
//相关系数矩阵
z=2;
Rho=[];
for n=1:Length
    xl=Tezheng(n,2);
    yl=Tezheng(n,1);
    sl=flight1(yl-z:yl+z,xl-z:xl+z);
    //k 为右相片 x 坐标
    for k=1+z:w-z
        sr=flight2(yl-z:yl+z,k-z:k+z);
        X=corrcoef(sl,sr);
        Rho(n,k)=X(1,2);
    end
end
//设阈值,小于均值置零
ind=find(Rho<0.9);
Rho(ind)=0;
[Rho_max,Xr] = max(Rho,[],2);
//右像匹配的特征点
for n=1:Length
    for jj=1+z:w-z
        if Rho(n,jj)~=0
            yr=Tezheng(n,1);
        end
    end
end
tmdzb=[];
num = 0;
for i = 1:Length
    num = num +1;
    tmdzb(i,1) = Tezheng(i,2);
    tmdzb(i,2) = Tezheng(i,1);
```

```
        tmdzb(i,3) = Xr(i);
        tmdzb(i,4) = Tezheng(i,1);
end
Rho2=[];
for i = 1:Length
    xright = Xr(i);
    yright = Tezheng(i,1);
    if xright~=1
        rw=flight2(yright-z:yright+z,xright-z:xright+z);
        yleft = yright;
        for  xleft = 1+z :w-z
            lw=flight1(yleft-z:yleft+z,xleft-z:xleft+z);
            A2 = corrcoef(rw,lw);
            Rho2(i,xleft) = A2(1,2);
        end
    end
end
[Rho2_max,X_1] = max(Rho2,[],2);
 tmdzb2=[];
for i = 1:Length
    tmdzb2(i,1) = X_1(i);
    tmdzb2(i,2) = Tezheng(i,1);
    tmdzb2(i,3) = flight2(i);
    tmdzb2(i,4) = Tezheng(i,1);
end
num2 = 0;
tmd = [];
for i = 1:Length
    num2=num2+1;
    if tmdzb(i,1)==tmdzb2(i,1)&& Rho2_max(i) >0.9 && Rho_max(i)>0.9
        tmd(i,1)=tmdzb(i,1);
        tmd(i,2)=tmdzb(i,2);
        tmd(i,3)=tmdzb(i,3);
        tmd(i,4)=tmdzb(i,4);
        figure(1);
        subplot(1,2,1);
      plot(tmdzb(i,1),tmdzb(i,2),'+','LineWidth',0.5,'color','r' );
        text(tmdzb(i,1),tmdzb(i,2),num2str(num2),'color','c');
        subplot(1,2,2);
        plot(tmdzb(i,3),tmdzb(i,4),'+','LineWidth',0.5,'color','r');
```

```
            text(tmdzb(i,3),tmdzb(i,4),num2str(num2),'color','c');
        end
    end
```

3. 运算结果

通过示例图像实验，得到匹配结果如图 8.16 所示，左右两图为相邻两张影像。

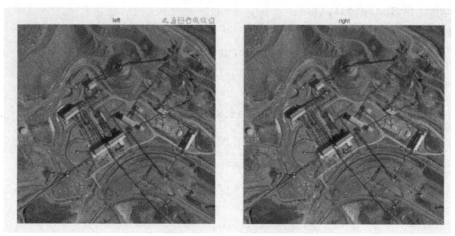

图 8.16　相关系数匹配结果

8.5.3　最小二乘影像匹配

1. 最小二乘影像匹配原理

最小二乘影像匹配算法是根据"灰度差的平方和最小"的思想提出的，它没有考虑影像灰度中存在系统误差，仅仅认为影像灰度只存在偶然误差。最小二乘影像匹配算法可以将影像匹配的精度提高到 0.1 像素甚至是 0.01 像素的精度，即

$$n_1 + g_1(x,y) = n_2 + g_2(x,y) \tag{8.56}$$

误差方程式为

$$v = g_1(x,y) - g_2(x,y) \tag{8.57}$$

由于影像灰度的系统误差而产生了影像灰度分布的差异，影像的系统误差有两类：一类是辐射畸变，另一类是几何畸变。最小二乘影像匹配的思想是在影像匹配中引入这些变形参数，并按照最小二乘的原理来求这些参数。引入 4 个参数表示辐射的线性畸变，以相关系数最大为准则搜索同名点，但是影像匹配的主要目的是确定影像相对移位，所以引入几何变形参数来表示影像之间的相对移位。

由于最小二乘影像匹配是非线性系统，要求影像之间的相对移位就必须进行迭代，而迭代的过程取决于初值，所以在最小二乘之前必须进行初匹配。而基于相关系数的影像匹配结果刚好可以作为最小二乘匹配的初始值。最小二乘匹配流程如图 8.17 所示，具体步骤如下。

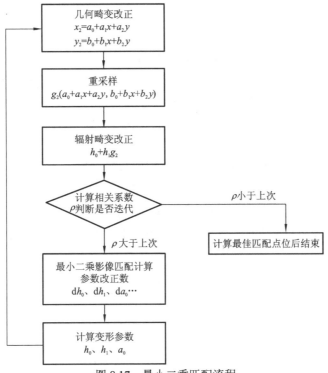

图 8.17　最小二乘匹配流程

（1）几何畸变改正。根据几何畸变改正参数 a_0、a_1、a_2、b_0、b_1、b_2 将左方影像窗口的影像坐标变换至右方影像坐标：

$$x_2 = a_0 + a_1 x + a_2 y \tag{8.58}$$
$$y_2 = b_0 + b_1 x + b_2 y \tag{8.59}$$

（2）重采样。换算所得的坐标(x_2, y_2)一般不可能是右方影像阵列的整数行列号，因此必须进行重采样，可以通过双线性内插的方法进行重采样。

（3）辐射畸变改正。利用由最小二乘影像匹配求得的辐射畸变改正参数 h_0、h_1 对上述重采样的结果作辐射改正：$h_0 + h_1 g_2(x_2, y_2)$。

（4）计算右方影像窗口与经过几何、辐射改正后的影像窗口的灰度阵列 g_1 与 $h_0 + h_1 g_2(x_2, y_2)$ 之间的相关系数 ρ，判断是否需要继续迭代。一般来说，若相关系数小于前一次迭代后的相关系数，则可以认为迭代结束；另外，判断迭代是否结束也可以根据几何变形参数是否小于某个预定的阈值。

（5）采用最小二乘影像匹配，解求变形参数的改正值 dh_0, dh_1, da_0, …

（6）计算变形参数。变形参数的改正值是根据经几何和辐射改正后的右方影像灰度阵列求得的，因此变形参数应按下列算法求得。

$$\begin{cases} a_0^i = a_0^{i-1} + \mathrm{d}a_0^i + a_0^{i-1}\mathrm{d}a_1^i + b_0^{i-1}\mathrm{d}a_2^i \\ a_1^i = a_1^{i-1} + a_1^{i-1}\mathrm{d}a_1^i + b_1^{i-1}\mathrm{d}a_2^i \\ a_2^i = a_2^{i-1} + a_2^{i-1}\mathrm{d}a_1^i + b_2^{i-1}\mathrm{d}a_2^i \\ b_0^i = b_0^{i-1} + \mathrm{d}b_0^i + a_0^{i-1}\mathrm{d}b_1^i + b_0^{i-1}\mathrm{d}b_2^i \\ b_1^i = b_1^{i-1} + a_1^{i-1}\mathrm{d}b_1^i + b_1^{i-1}\mathrm{d}b_2^i \\ b_2^i = b_2^{i-1} + a_2^{i-1}\mathrm{d}b_1^i + b_2^{i-1}\mathrm{d}b_2^i \end{cases} \tag{8.60}$$

辐射畸变参数满足：

$$\begin{cases} h_0^i = h_0^{i-1} + \mathrm{d}h_0^i + h_0^{i-1}\mathrm{d}h_1^i \\ h_1^i = h_1^{i-1} + h_1^{i-1}\mathrm{d}h_1^i \end{cases} \tag{8.61}$$

（7）计算最佳匹配点位。影像匹配是为了获取同名点，通常是根据待定点建立一个目标窗口，窗口的中心点就是目标点。但是在高精度影像相关中，需要考虑目标窗口的中心点是否为最佳匹配点位。根据最小二乘来匹配的精度理论，匹配的精度取决于影像灰度梯度 g_x^2，g_y^2。

因此可用梯度的平方为权，在左方影像窗口内对坐标加以平均：

$$x_i = \sum x \cdot g_x^2 \Big/ \sum g_x^2 \tag{8.62}$$

$$y_i = \sum x \cdot g_y^2 \Big/ \sum g_y^2 \tag{8.63}$$

以它作为目标点坐标，它的同名点坐标可由最小二乘影像匹配所求得的几何变换参数求得

$$x_2 = a_0 + a_1 x + a_2 y \tag{8.64}$$

$$y_2 = b_0 + b_1 x + b_2 y \tag{8.65}$$

2. 核心代码

```cpp
bool LSM::subPixelMatch(const cv::Mat &srcImg,const cv::Mat &dstImg,Match &match)
{
cv::Mat srcImgCopy,dstImgCopy;
if(srcImg.channels( ) != 1)
cv::cvtColor(srcImg,srcImgCopy,cv::COLOR_BGR2GRAY);
else
srcImgCopy = srcImg.clone( );
if(dstImg.channels( ) != 1)
cv::cvtColor(dstImg,dstImgCopy,cv::COLOR_BGR2GRAY);
else
dstImgCopy = dstImg.clone( );
//x 表示行,y 表示列
double y1 = match.srcPt.x;
double x1 = match.srcPt.y;
double y2 = match.dstPt.x;
double x2 = match.dstPt.y;
if(windowSize % 2 == 0)
this->windowSize += 1;
int r = windowSize/2;
//定义一个窗口
cv::Rect rectSrc,rectDst;
cv::Mat windowSrc,windowDst;
```

```cpp
rectSrc = cv::Rect(y1 - r,x1 - r,windowSize,windowSize);
windowSrc = srcImgCopy(rectSrc);
windowDst.create(cv::Size(windowSize,windowSize),CV_8UC1);
//设定几何畸变初值
a0 = x2 - x1;
a1 = 1;
a2 = 0;
b0 = y2 - y1;
b1 = 0;
b2 = 1;
//设定灰度畸变初值
h0 = 0;
h1 = 1;
double xs = 0.0,ys = 0.0;
double currentCorrelationIdx,bestCorrelationIdx = 0.0;
cv::Point2d bestPt;
for(int iter = 0; iter < 50; iter++)  //设定最大迭代次数
{
Eigen::MatrixXd A(windowSize * windowSize,8),L(windowSize * windowSize,1),x;
int num = 0;
double xNumerator = 0.0,yNumerator = 0.0,xDenominator = 0.0,yDenominator = 0.0;
for(int i = x1 - r; i <= x1 + r; i++)
for(int j = y1 - r; j <= y1 + r; j++)
{
//几何变形改正
double m = a0 + a1 * i + a2 * j;
double n = b0 + b1 * i + b2 * j;
int I = floor(m);
int J = floor(n);
//如果当前的点在图像的边界附近，就舍弃当前点，避免求导出现问题
if(I < 1 || I > dstImgCopy.rows || J < 1 || J > dstImgCopy.cols)
continue;
//重采样：双线性内插
double pixelValue = (J + 1 - n) * ((I + 1 - m) * dstImgCopy.at<uchar>(I,J)+
(m - I) * dstImgCopy.at<uchar>(I + 1,J)) + (n - J) * ((I + 1 - m) * dstImgCopy.at
<uchar>(I,J + 1) + (m - I) * dstImgCopy.at<uchar>(I + 1,J + 1));
//辐射畸变改正
pixelValue = h0 + h1 * pixelValue;
windowDst.at<uchar>(i - x1 + r,j - y1 + r) = pixelValue;
//构建误差方程
```

```
        double gxDst = 0.5 * (dstImgCopy.at<uchar>(I + 1,J) - dstImgCopy.at<uchar>
(I - 1,J));
        double gyDst = 0.5 * (dstImgCopy.at<uchar>(I,J + 1) - dstImgCopy.at
<uchar>(I,J - 1));
    A(num,0) = 1;
    A(num,1) = pixelValue;
    A(num,2) = gxDst;
    A(num,3) = m * gxDst;
    A(num,4) = n * gxDst;
    A(num,5) = gyDst;
    A(num,6) = m * gyDst;
    A(num,7) = n * gyDst;
    L(num,0) = srcImgCopy.at<uchar>(i,j) - pixelValue;
    //计算最佳匹配点位
    double gxSrc = 0.5 * (srcImgCopy.at<uchar>(i + 1,j) - srcImgCopy.at<uchar>
(i - 1,j));
    double gySrc = 0.5 * (srcImgCopy.at<uchar>(i,j + 1) - srcImgCopy.at<uchar>
(i,j - 1));
    xNumerator += i * gxSrc * gxSrc;
    xDenominator += gxSrc * gxSrc;
    yNumerator += j * gySrc * gySrc;
    yDenominator += gySrc * gySrc;
    num++;
    }
    if (num < 8) //无法求解法方程
    return false;
    currentCorrelationIdx = computeCorrelationIdx(windowSrc,windowDst);
    //std::cout << "Iter time: " << iter << std::endl;
    //std::cout << "a0 = " << a0 << "\ta1 = " << a1 << "\ta2 = " << a2 << std::endl;
    //std::cout << "b0 = " << b0 << "\tb1 = " << b1 << "\tb2 = " << b2 << std::endl;
    //std::cout << "h0 = " << h0 << "\th1 = " << h1 << std::endl;
    //std::cout << "idx = " << currentCorrelationIdx << std::endl;
    //std::cout << "A: \n" << A << std::endl;
    //std::cout << "L: \n" << L << std::endl;
    //计算变形参数
    x = (A.transpose() * A).inverse() * (A.transpose() * L);
    //std::cout << "x: \n" << x << std::endl;
    //std::cout << std::endl;
    double a0_old = a0;
    double a1_old = a1;
```

```
double a2_old = a2;
double b0_old = b0;
double b1_old = b1;
double b2_old = b2;
double h0_old = h0;
double h1_old = h1;
a0 = a0_old + x(2,0) + a0_old * x(3,0) + b0_old * x(4,0);
a1 = a1_old + a1_old * x(3,0) + b1_old * x(4,0);
a2 = a2_old + a2_old * x(3,0) + b2_old * x(4,0);
b0 = b0_old + x(5,0) + a0_old * x(6,0) + b0_old * x(7,0);
b1 = b1_old + a1_old * x(6,0) + b1_old * x(7,0);
b2 = b2_old + a2_old * x(6,0) + b2_old * x(7,0);
h0 = h0_old + x(0,0) + h0_old * x(1,0);
h1 = h1_old + h1_old * x(1,0);
//计算最佳匹配点位
double xt = xNumerator/xDenominator;
double yt = yNumerator/yDenominator;
xs = a0 + a1 * xt + a2 * yt;
ys = b0 + b1 * xt + b2 * yt;
if(currentCorrelationIdx > bestCorrelationIdx)
{
bestPt.x = ys;
bestPt.y = xs;
bestCorrelationIdx = currentCorrelationIdx;
}
if(bestCorrelationIdx > threshold)
{
match.dstPt.x = bestPt.x;
match.dstPt.y = bestPt.y;
match.dist = bestCorrelationIdx;
return true;
}
}
match.dstPt.x = bestPt.x;
match.dstPt.y = bestPt.y;
match.dist = bestCorrelationIdx;
return true;
}
```

3. 运行结果

通过示例实验，得到运行结果如图 8.18 所示，图中线段两端表示匹配出的同名点。

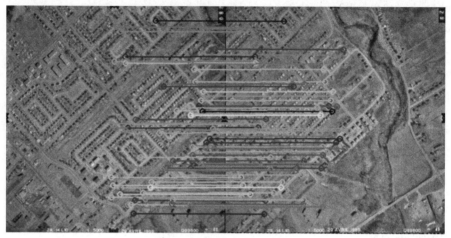

图 8.18　最小二乘匹配结果

8.6　基于移动曲面拟合法的 DEM 生成

8.6.1　移动曲面拟合原理

为了获取规则格网数字高程模型（digital elevation model，DEM），内插是必不可少的过程。内插的方法很多，其中移动曲面拟合法由于具有方法灵活、计算简便、精度较高、占用内存较少等诸多优点而经常被使用。移动曲面拟合法是一种以待定点为中心的逐点内插法，它以每个待定点为中心，定义一个局部函数去拟合周围的数据点。其具体过程如下。

（1）对每个格网点，从数据点中检索出邻近的 n 个（至少 6 个）数据点 (X_i, Y_i)。以待定点 (X,Y) 为圆心，以选定长 R 为半径作圆，凡落入圆内的数据点 (X_{pi}, Y_{pi}) 都被采用。

$$X_{pi} = X_i - X, \quad Y_{pi} = Y_i - Y \tag{8.66}$$

$$d_i^2 = X_{pi}^2 + Y_{pi}^2 \tag{8.67}$$

$d_i < R$ 时，X_{pi}, Y_{pi} 被选用。

（2）列立误差方程式。

选择二次曲面 $Z = Ax^2 + Bxy + Cy^2 + Dx + Ey + F$ 为拟合面，则数据点 pi 对应的误差方程式为

$$v_i = X_{pi}^2 A + X_{pi}Y_{pi}B + Y_{pi}^2 C + X_{pi}D + Y_{pi}E + F - Z_i \tag{8.68}$$

n 个数据点列出的误差方程可写为

$$v = MX - Z, \quad X = [A\ B\ C\cdots F]^{\mathrm{T}} \tag{8.69}$$

（3）计算每一数据点的权。选取 $pi = 1/2d_i$ 定权。

（4）求解待定点高程。根据平差理论解出二次方程的系数阵：

$$X = (M^{\mathrm{T}}PM)^{-1}M^{\mathrm{T}}PZ \qquad (8.70)$$

8.6.2 核心代码

根据提供的 10 个数据点的坐标 (X_n, Y_n, Z_n) 和待求点的平面坐标 (X_p, Y_p)，要求利用移动二次曲面拟合法，由格网点 $P(X_p, Y_p)$ 周围的 10 个已知点内插出待求格网点 P 的高程。

```cpp
#include "stdafx.h"
#include "iostream"
using namespace std;
 void InverseMatrix(double a[],int n)
{
    int *is,*js,i,j,k,l,u,v;
    double d,p;
    is = (int*)malloc(n * sizeof(int));
    js = (int*)malloc(n * sizeof(int));
    for(k = 0; k <= n - 1;k++){
        d = 0.0;
        for(i = k; i <= n - 1; i++)
            for(j = k; j <= n - 1; j++){
                l = i * n + j;
                p = fabs(a[l]);
                if(p > d){
                    d = p;
                    is[k] = i;
                    js[k] = j;
                }
            }
        if(d + 1.0 == 1.0){
            free(is);
            free(js);
            printf("err**not inv\n");
            return;
        }
        if(is[k] != k)
            for(j = 0; j <= n - 1;j++){
                u = k * n + j;
                v = is[k] * n + j;
                p = a[u];
                a[u] = a[v];
```

```
                    a[v] = p;
                }
            if(js[k] != k)
                for(i = 0; i <= n - 1; i++){
                    u = i * n + k;
                    v = i * n + js[k];
                    p = a[u];
                    a[u] = a[v];
                    a[v] = p;
                }
            l = k * n + k;
            a[l] = 1.0/a[l];
            for(j = 0; j <= n - 1;j++)
                if(j != k){
                    u = k * n + j;
                    a[u] = a[u] * a[l];
                }
                for(i = 0; i <= n - 1;i++)
                    if(i != k)
                        for(j = 0; j <= n - 1;j++)
                            if(j != k){
                                u = i * n + j;
                                a[u]=a[u]-a[i * n + k]*a[k * n + j];
                            }
                        for(i = 0; i <= n - 1;i++)
                            if(i != k){
                                    u = i * n + k;
                                    a[u] = -a[u] * a[l];
                            }
    }
    for(k = n - 1;k >= 0;k--){
        if (js[k] != k)
            for (j = 0;j <= n - 1;j++){
                u = k * n + j;
                v = js[k] * n + j;
                p = a[u];
                a[u] = a[v];
                a[v] = p;
            }
        if(is[k] != k)
```

```
            for(i = 0; i <= n - 1; i++){
                u = i * n + k;
                v = i * n + is[k];
                p = a[u];
                a[u] = a[v];
                a[v] = p;

            }
    }
    free(is);
    free(js);
}
typedef struct
{
    double X;
    double Y;
    double Z;
}DATA;
int _tmain(int argc,_TCHAR* argv[])
{
        FILE *file_p;
        DATA data[10];
        file_p=fopen("test.txt","r");
        if(file_p==0)
        {
            printf("Error!Can't open it!\n");
            return 0;
        }
        for(int i=0;!feof(file_p);i++)
        {
            fscanf(file_p,"%lf %lf %lf",&data[i].X,&data[i].Y,&data[i].Z);
            data[i].X=data[i].X-110;
            data[i].Y=data[i].Y-110;
        }
        fclose(file_p);
        double L1[10];
        double result[6]={0};
        for(int i=0;i<10;i++)
        {
            L1[i]=data[i].Z;
        }
```

```
double A[10][6];
for(int i=0;i<10;i++)
{
    A[i][0]=data[i].X*data[i].X;
    A[i][1]=data[i].X*data[i].Y;
    A[i][2]=data[i].Y*data[i].Y;
    A[i][3]=data[i].X;
    A[i][4]=data[i].Y;
    A[i][5]=1;
}
double AT[6][10];
for(int i=0;i<10;i++)
{
    for(int j=0;j<6;j++)
    {
    AT[j][i]=A[i][j];
    }
}
double t;
double ATA[6][6];
for(int i=0;i<6;i++)
{
    for(int m=0;m<6;m++)
    {
        t=0;
        for(int j=0;j<10;j++)
        {
            t=AT[i][j]*A[j][m]+t;
        }
        ATA[i][m]=t;
    }
}
InverseMatrix(*ATA,6);
double A1[6][10];
double tt;
    for(int i=0;i<6;i++)
    {
        for (int m=0;m<10;m++)
        {
            tt=0;
```

```
            for (int j=0;j<6;j++)
            {
                tt=ATA[i][j]*AT[j][m]+tt;
            }
            A1[i][m]=tt;
        }
    }
    for(int  i=0;i<6;i++)
    {
        double o=0;
        for(int j=0;j<10;j++)
        {
            o=A1[i][j]*L1[j]+o;
        }
        result[i]=o;
    }
    printf("%f %f %f %f %f %f ",result[0],result[1],result[2],result[3],
result[4],result[5]);
        system("pause");
    return 0;
}
```

第9章 点云数据处理

机载激光雷达（light detection and ranging，LiDAR）集成了 GPS、惯性导航系统（inertial navigation system，INS）、激光测距系统（laser scanning ranging，LSR），能够快速获取地表物体三维坐标信息。作为一种三维空间信息的实时获取手段，机载 LiDAR 在 20 世纪 90 年代取得了重大突破，其独特的工作方式和数据处理方法受到国内外专家的广泛关注。近年来，随着相关技术的进步及社会需求的不断增加，激光扫描技术的发展更是日新月异。机载 LiDAR 系统作为一种新的信息获取手段有效地拓宽了数据来源范围，能够快速获取高精度、高分辨率数字表面模型（digital surface model，DSM），并通过滤波处理生成数字高程模型。本章将介绍激光雷达数据基础格式、组织方式、滤波方法和应用。通过学习本章，使读者具备激光雷达定位的基本知识，掌握激光雷达数据处理的方法。

9.1　LAS 文件结构及代码实现

9.1.1　LAS 文件结构

LAS 文件是二进制格式，其标准格式由美国摄影测量与遥感学会（American Society for Photogrammetry and Remote Sensing，ASPRS）的 LiDAR 专业委员会进行发布，最新的版本为 2019 年 7 月发布的 LAS1.4-R15。LAS1.4 版本的文件结构可分为 4 部分，包括公共头文件区、变长记录区、点数据记录区和扩展变长记录区。下面简要介绍 LAS 文件各部分结构，详细内容请查阅美国摄影测量与遥感学会网站。

公共头文件区记载数据点的数量、格式、数据范围、变长记录区数量、点云数据真实坐标 X、Y、Z 方向的比例因子和偏移量等 LAS 文件的基本信息，所有项目需填写数据，若无数据则置零。

变长记录区位于公共头文件区之后，其数量记载于公共头文件区，主要记录投影信息、元数据信息、波形数据包信息及用户应用数据信息。

点数据记录区位于变长记录区之后，主要用于存储点云数据，包括每个激光点的三维坐标信息、回波强度信息等相关属性，是 LAS 文件的核心。在 LAS1.4 版本中，有 11 种点数据记录格式。点数据记录格式在公共头文件区中已经指定，每个 LAS 文件只有 1 种点数据记录格式。

扩展变长记录区位于 LAS 文件末尾，可存储比变长记录区更多的数据，并且更具灵活性，可以在不重写整个 LAS 文件的前提下，将数据信息添加在 LAS 文件中，其结构与变长记录区相同。

9.1.2 代码实现（C#版）

1. 公共头文件区

为了便于读写 LAS 文件，根据 LAS1.4 的标准（表 9.1），创建公共头文件区 HeaderBlock 类。

表 9.1 公共头文件区

元素	格式	尺寸	是否必需
File Signature（"LASF"）	char[4]	4 bytes	是
File Source ID	unsigned short	2 bytes	是
Global Encoding	unsigned short	2 bytes	是
Project ID - GUID Data 1	unsigned long	4 bytes	否
Project ID - GUID Data 2	unsigned short	2 bytes	否
Project ID - GUID Data 3	unsigned short	2 bytes	否
Project ID - GUID Data 4	unsigned char[8]	8 bytes	否
Version Major	unsigned char	1 byte	是
Version Minor	unsigned char	1 byte	是
System Identifier	char[32]	32 bytes	是
Generating Software	char[32]	32 bytes	是
File Creation Day of Year	unsigned short	2 bytes	是
File Creation Year	unsigned short	2 bytes	是
Header Size	unsigned short	2 bytes	是
Offset to Point Data	unsigned long	4 bytes	是
Number of Variable Length Records	unsigned long	4 bytes	是
Point Data Record Format	unsigned char	1 byte	是
Point Data Record Length	unsigned short	2 bytes	是
Legacy Number of Point Records	unsigned long	4 bytes	是
Legacy Number of Point by Return	unsigned long[5]	20 bytes	是
X Scale Factor	double	8 bytes	是
Y Scale Factor	double	8 bytes	是
Z Scale Factor	double	8 bytes	是
X Offset	double	8 bytes	是
Y Offset	double	8 bytes	是
Z Offset	double	8 bytes	是
Max X	double	8 bytes	是
Min X	double	8 bytes	是
Max Y	double	8 bytes	是

元素	格式	尺寸	是否必需
Min Y	double	8 bytes	是
Max Z	double	8 bytes	是
Min Z	double	8 bytes	是
Start of Waveform Data Packet Record	unsigned long long	8 bytes	是
Start of First Extended Variable Length Record	unsigned long long	8 bytes	是
Number of Extended Variable Length Records	unsigned long	4 bytes	是
Number of Point Records	unsigned long long	8 bytes	是
Number of Points by Return	unsigned long long[15]	120 bytes	是

注：任何非必需且不使用的字段必须为零填充。

HeaderBlock 类代码如下。

```
public class HeaderBlock
{
    public char[] FileSignature = new char[4];
    public ushort FileSourceId;
    public ushort GlobalEncoding;
    // 此处省略若干变量，实际编程不可省略
    public ulong NumberOfPointRecords;
    public ulong[] NumberOfPointsByReturn = new ulong[15];
}
```

2. 读取 LAS 文件

C#编程语言中提供了 BinaryReader 类用于读取二进制文件，该类提供了一些常用的方法（表 9.2）。根据 LAS 文件的格式，使用 BinaryReader 类方法读取 LAS 文件。

表 9.2 BinaryReader 类的常用方法

方法	介绍
public virtual byte ReadByte( )	从当前流中读取下一个字节，并使流的当前位置提升 1 byte
public virtual byte[] ReadBytes(int count)	从当前流中读取指定的字节数以写入字节数组中，并将当前位置前移相应的字节数
public virtual char ReadChar( )	从当前流中读取下一个字符，提升流的当前位置
public virtual char[] ReadChars(int count)	从当前流中读取指定的字符数，提升流的当前位置
public virtual double ReadDouble( )	从当前流中读取 8 bytes 浮点值，并使流的当前位置提升 8 bytes
public virtual ushort ReadUInt16( )	从当前流中读取 2 bytes 无符号整数，并将流的当前位置提升 2 bytes
public virtual uint ReadUInt32( )	从当前流中读取 4 bytes 无符号整数，并使流的当前位置提升 4 bytes
public virtual ulong ReadUInt64( )	从当前流中读取 8 bytes 无符号整数，并使流的当前位置提升 8 bytes

读取 LAS 头文件的代码如下。

```
public HeaderBlock header = new HeaderBlocker( ); // 定义一个头文件对象
public void ReadHeaderBlock(BinaryReader br)
{
    this.header.FileSignature = br.ReadChars(4);
    this.header.FileSourceId = br.ReadUInt16( );
    this.header.GlobalEncoding = br.ReadUInt16( );
    // 此处省略若干变量的读取，实际编程不可省略
}
```

为方便接下来读写点的坐标数据，创建 Point 结构体，代码如下。

```
public struct Point
{
    public int X { get; set; }
    public int Y { get; set; }
    public int Z { get; set; }
}
```

读取 LAS 的点数据的代码如下，仅演示点的坐标的读取，忽略其他参数。

```
public List<Point> points = new List<Point>( ); // 定义点数据集合
public void ReadPoint(BinaryReader br)
{
    bool IsLAS14 = this.header.VersionMajor == '1' && this.header.
VersionMinor == '4';
    ulong NumPoints = IsLAS14 ? this.header.NumberOfPointRecords :
                      this.header.LegacyNumberOfPointRecords;
    // 将流的当前位置提升到点数据记录区起始位置
    br.ReadBytes((int)(this.header.OffsetToPointData - this.header.
HeaderSize));
    this.points.Clear( );
    for (ulong i = 0; i < this.NumPoints; i++)
    {
        Point p = new Point( ) { X = br.ReadInt32( ), Y = br.ReadInt32( ),
                  Z = br.ReadInt32( ) };
        points.Add(p);
        // 将流的当前位置提升到下一个数据点的起始位置
        br.ReadBytes(this.header.PointDataRecordLength - 3 * sizeof(uint));
    }
}
```

3. 写入 LAS 文件

C#编程语言中提供了 BinaryWriter 类用于写入二进制文件，该类提供了一些常用的方

法（表 9.3）。根据 LAS 文件的格式，使用 BinaryWriter 类方法写入 LAS 文件。

表 9.3　BinaryWriter 类的常用方法

方法	介绍
public virtual void Write(byte value)	将一个无符号字节写入当前流，并将流的位置提升 1 个字节
public virtual void Write(byte[] buffer)	将字节数组写入基础流
public virtual void Write(char ch)	将 Unicode 字符写入当前流，提升流的当前位置
public virtual void Write(char[] chars)	将字符数组写入当前流，提升流的当前位置
public virtual void Write(double value)	将 8 bytes 浮点值写入当前流，并将流的位置提升 8 bytes
public virtual void Write(ushort value)	将 2 bytes 无符号整数写入当前流，并将流的位置提升 2 bytes
public virtual void Write(uint value)	将 4 bytes 无符号整数写入当前流，并将流的位置提升 4 bytes
public virtual void Write(ulong value)	将 8 bytes 无符号整数写入当前流，并将流的位置提升 8 bytes

写入 LAS 头文件的代码如下。

```
public HeaderBlock header = new HeaderBlocker( ); // 定义一个头文件对象
public void WriteHeaderBlock(BinaryWriter bw)
{
    bw.Write(this.header.FileSignature);
    bw.Write(this.header.FileSourceId);
    bw.Write(this.header.GlobalEncoding);
    //此处省略若干变量的写入，实际编程不可省略
}
```

写入 LAS 的点数据的代码如下，仅演示点的坐标的写入，忽略其他参数。

```
public List<Point> points = new List<Point>( ); // 定义点数据集合
public void WritePoint(BinaryWriter bw)
{
    // 将流的当前位置提升到点数据记录区起始位置
    bw.Write(new byte[this.header.OffsetToPointData - this.header.HeaderSize]);
    for(ulong i = 0; i < points.Count; i++)
    {
        bw.Write(points[(int)i].X);
        bw.Write(points[(int)i].Y);
        bw.Write(points[(int)i].Y);
        // 将流的当前位置提升到下一个数据点的起始位置
        bw.Write(new byte[this.header.PointDataRecordLength - 3 * sizeof(uint)]);
    }
}
```

9.2 KD 树点云数据索引

使用激光扫描仪或摄影测量技术将待测物体生成点云后,通常要对点云进行数据组织,便于后续的管理和可视化。常用的点云数据索引结构有八叉树、KD 树、R 树等,下面主要介绍 KD 树点云数据索引。

如图 9.1 和图 9.2 所示,KD 树点云数据索引的主要思路如下:设有一个立方体,立方体各边与 X、Y、Z 轴平行或垂直,选择一个与某一坐标轴垂直的平面将立方体分为两个半空间,平面左边的点都在平面的左子树上,平面右边的点都在平面的右子树上,对两个半空间重复进行划分,直到所有点都在 KD 树上。

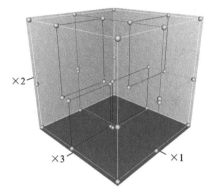

图 9.1　KD 树三维示意图

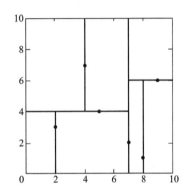

图 9.2　KD 树二维示意图

KD 树点云数据索引算法步骤如下。

（1）首先选择一个维度将空间分为两部分。例如,选择 X 轴上的 0 值为划分依据,将空间分为 X 值小于 0 的部分 A 和 X 值大于 0 的部分 B。

（2）接着更换一个维度,再将 A\B 两部分进行划分。例如,A 部分选择 Y 轴上的 1 值,将其划分为 C 和 D 两部分;B 部分选择 Y 轴上的 2 值,将其划分为 E 和 F 两部分。

（3）重复步骤（2）,直到不能再继续划分为止。

KD 树点云数据索引算法流程图如图 9.3 所示。

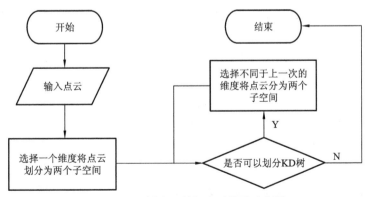

图 9.3　KD 树点云数据索引算法流程图

9.3 滤　波

点云滤波是点云处理的基本步骤，一般是点云处理的第一步，目的是为了后续更好地处理数据。

9.3.1　面向地形构建的滤波

面向地形构建的滤波方法基本原理：认为地形表面平缓光滑，局部区域内地形发生急剧变化的可能性较小，通过比较两点间的高差值是否满足高差函数来判断点是否为地面点。

$$DEM = \{p_i \in A \mid \forall p_i \in DEM : |h_{p_i} - h_{p_j}| \leqslant H\} \tag{9.1}$$

式中：$H = \Delta h_{max} d(p_i - p_j)$

滤波核函数 $\Delta h_{max}(d)$ 为非递减函数，计算方法如下：

$$\Delta h_{max}(d) = S_{max} d + 1.65\sqrt{2}\sigma_z, \quad d \leqslant d_{max} \tag{9.2}$$

式中：S_{max} 为最大地形坡度百分比；d 为两点间距离，最大距离 d_{max} 设为 10 m；σ_z 为标准偏差。

9.3.2　基于数学形态学的滤波

基本原理：使用结构元素的窗口模板作为处理单元，利用形态学中的膨胀与腐蚀算法，形成开、闭两种算子进行综合处理。

腐蚀运算过程：拿模板 B 的原点和输入图像 X 上的点一个一个对比，如果 B 上的所有为 1 的元素所覆盖的点都在目标 A 的范围内，则 B 原点所对应的点判断为属于目标 A，否则不属于目标 A。

膨胀运算过程：拿模板 B 的原点和输入图像 X 上的点一个一个对比，如果 B 上有一个为 1 的元素所对应的图像点在目标 A 的范围内，则 B 原点所对应的点判断为属于目标 A，否则不属于目标 A。

开运算过程：先腐蚀后膨胀。开运算作用为去除孤立小点、毛刺和小桥，总的位置和形状不变，如图 9.4 所示。

闭运算过程：先膨胀后腐蚀。闭运算作用为填平小孔，弥合小裂缝，总的位置和形状不变，如图 9.5 所示。

点云数据的数学形态学运算：假设三维点为 $P(x_p, y_p, z_p)$，对该点的膨胀、腐蚀等操作就是对其 z 值进行运算。膨胀和腐蚀分别定义为

膨胀：$z_p = \max Z_S, \ (x_S, y_S \in W)$　　　腐蚀：$z_p = \min Z_S, \ (x_S, y_S \in W)$

式中：W 为邻域窗口，窗口的形状可以是一维、二维方形或其他形状。

膨胀操作是将高度提升为邻域内的最高值；腐蚀操作是将高度降低为邻域内的最低值。

点云滤波主要使用开运算。腐蚀（取低值）：滤除比结构元素尺寸小的树木点等非地面点。膨胀（取高值）：恢复被腐蚀掉的建筑物边缘。

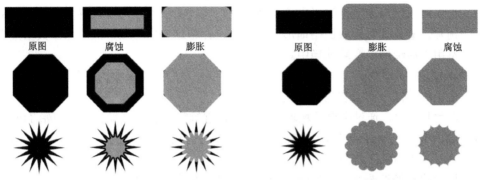

图 9.4 开运算示意图　　　　　　图 9.5 闭运算示意图

9.3.3 渐进加密三角网滤波

进行初始滤波以后的地形，在斜坡及植被部分密集的地方很容易将本属于地面点的数据从地形中剔除，导致得到地形数据残缺，不足以表达真实的地形特点。在基于三角网逐层加密的算法基础上，结合区域增长的思想，将植被覆盖下的属于地形的斜坡点添加至初始的地形中，从而得到更为接近真实地形的点云数据，为后续的处理提供更为准确的数据基础。

算法流程图见图 9.6，实现步骤如下。

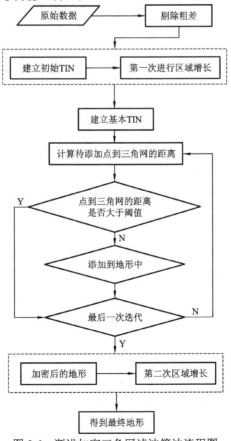

图 9.6 渐进加密三角网滤波算法流程图

（1）首先对原始点云数据进行中值滤波处理，通过中值滤波，可以将偶然噪声点从原始数据中剔除，避免其对提取原始地形造成错误，并将这些偶然噪声点从点云数据集中完全剔除，不用于后续的提取算法当中。

（2）构建初始的不规则三角网（TIN）：将上一步处理后的点云数据划分成粗略的网格，并选取网格中的最低点作为初始 TIN 的点。

（3）在此基础上，通过融合区域增长的思想，进行第一次区域增长，将初始 TIN 中的点元素 a 邻域 $U(a,\delta)=\{x|a-\delta<x<a+\delta\}$ 内满足阈值 t 的点直接添加到地形当中，对 TIN 进行初次加密，减少后续工作量。

（4）初始的地形表面就是以步骤（3）中的 TIN 来表达，并将点云中满足特定阈值条件的点添加到已构成的 TIN 中，对 TIN 进行不断的加密，这是一个迭代的过程。

（5）当不再有新的点添加到 TIN 中的时候，基本的地形就已经形成，这也是大多数算法结束提取地形的时候，而这时候仍然会有一些满足已知条件的地形点没有添加进三角网中，可进行第二次区域增长，将满足一定阈值范围内的点添加到地形中。

（6）将地形中的点构建三角网得到 DEM。

9.4　DEM 与 DSM 生成

DEM 和 DSM 是在二维空间上对三维地形表面的描述。通常生成 DEM 和 DSM 有方格网（GRID）和不规则三角网（TIN）两种主要方法，这两种方法各有特点。

GRID 的特点如下。

（1）网格形状规则，通常是正方形，也可以是矩形、三角形等规则网格。

（2）结构简单、操作方便，适合于大规模使用与管理，容易用计算机进行处理。

（3）容易进行某些地学分析与计算。

（4）不能精确表示地形的结构和细部。

（5）数据量过大，需要压缩。

（6）在地形平坦的地方，存在大量的数据冗余。

（7）在不改变格网大小的情况下，难以表达复杂地形的突变现象。

（8）易于与遥感影像复合，实现地形可视化、辅助遥感处理等功能。

TIN 的特点如下。

（1）既可应用于规则分布数据，也可应用于不规则分布数据。

（2）能以不同层次的分辨率来描述地形。

（3）能以更少的空间与时间更精确地表示更加复杂的表面。

（4）既可以内插生成规则格网，也可以建立连续表面。

（5）数据存储与操作复杂。

（6）适用于小范围、大比例尺、高精度的地形建模。

（7）与 GRID 比较，TIN 具有最小的中误差，更适合于地形显示。采样数据少时，TIN 的质量明显好于 GRID，当采样密度增加时，二者差别则越来越小。

9.4.1 GRID 建立

图 9.7 所示为格网 DEM 示意图。基于离散点云建立格网数值高程模型算法主要分为 4 个步骤。

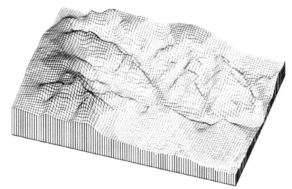

图 9.7　格网 DEM 示意图

（1）根据离散点云坐标计算测区范围。
（2）在测区范围内设置网格间距 D，生成网格。
（3）根据离散点云高程和位置内插格网节点高程。
（4）存储包含高程值三维网格 DEM。

9.4.2 不考虑特殊地貌和地物的 TIN 建立

TIN 是直接利用野外实测的所有地形特征点（离散数据点）构造出邻接三角形组成的格网型结构。TIN 每个基本单元的核心是组成不规则三角形的三个顶点三维坐标，这些坐标数据完全来自原始测量成果。在 TIN 中对三角形的几何形状有着严格的要求。一般有三条原则：①尽量接近正三角形；②保证最近的点形成三角形；③三角形网格唯一。

在目前所有的三角化算法中，以德洛奈（Delaunay）三角网（图 9.8）应用最为广泛。Delaunay 三角网由相互邻接互不重叠的三角形组成，其中每个三角形都遵循空外接圆准则，也就是每个三角形的外接圆中不包含其他数据点。TIN 的生成算法主要有三角网生长算法与三角网逐点插入算法两种。

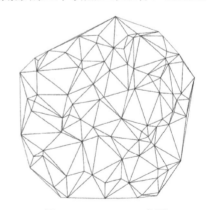

图 9.8　Delaunay 三角网

如图 9.9 所示，三角网生长算法的基本步骤如下。

（1）构建一个初始三角形。在点云中，任意取出一个点作为初始三角形的第一个点记为 1 号点，在点云中寻找与 1 号点最近的 2 号点，两点相连构成初始基线。

（2）在初始基线的右侧根据 Delaunay 法则，寻找 3 号点，连成三角形。

（3）以三角形的两条新边作为新的基线，重复步骤（2）直至所有基线处理完毕。

如图 9.10 所示，三角网逐点插入算法的基本步骤如下。

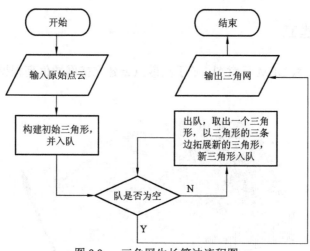

图 9.9　三角网生长算法流程图

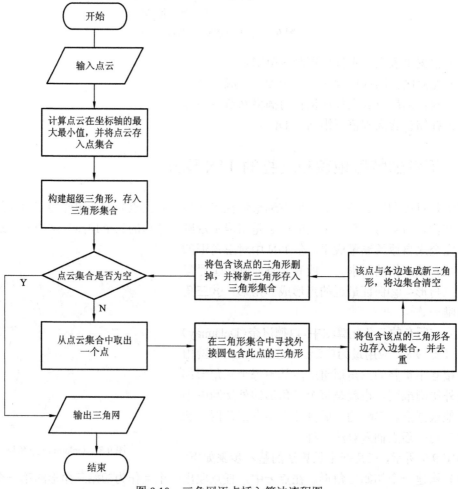

图 9.10　三角网逐点插入算法流程图

（1）构建一个超级三角形，使该三角形能包含所有数据点，并作为初始三角形。

（2）从数据中取一点 P 加入三角网中。根据 Delaunay 法则，寻找包含点 P 的三角形，将包含点 P 的三角形各边存储起来，同时将这些三角形删除。对前面获取到的三角形各边去重，去重原则为若存在两条相同的边，则把这条边删除。最后将点 P 与各边进行连接，形成新的三角形。

（3）重复步骤（2），直至所有点处理完毕。

（4）删除所有包含一个或多个超级三角形顶点的三角形。

在上述两种方法的基础上，对算法进行改进可以派生出一系列的改进算法。例如，对数据点进行分块，在每一块采用上述算法生成三角网，然后将相邻块的三角网进行合并，实现整个数据域的三角剖分，即分治算法。

为了对离散数据进行有效管理，在构建 TIN 时采用的数据结构为点结构、边结构和三角形结构。数据结构定义如下（C#版）。

```
// 点结构
public struct Point
{
    public double X { get; set; }
    public double Y { get; set; }
    public double Z { get; set; }
}
// 三角形结构
public struct Triangle
{
    public uint P0 { get; set; }
    public uint P1 { get; set; }
    public uint P2 { get; set; }
}
// 边结构
public struct Edge
{
    public uint P0 { get; set; }
    public uint P1 { get; set; }
}
```

9.4.3　考虑特殊地貌和地物的 TIN 建立

在建立 TIN 的过程中必须考虑特殊地貌和地物的影响并进行相应处理，以满足等高线和断面的生成、土方量计算、地图绘制等的需要。

（1）断裂线的处理。对于坡度变化陡峭的地形，如陡坎、河岸等，其变化不连续处的地形边线称为断裂线，在建立 TIN 时，必须包含剧烈变化的地形-断裂线特征信息，才能使 DEM 或 DSM 最大限度地正确反映出实际地形。在输入数据及建立 TIN 之前进行数据预处理和分类的过程中，把断裂线提取出来并扩展成一个极窄的条形闭合区域。

（2）地物的处理。绘制地形图时要求等高线与地物断开，如等高线遇房屋、道路等都需要断开。处理的方法类似，可将它们处理成闭合区，扩连三角形由房屋边线向外扩展，等高线遇闭合区边界即终止（断开）。

（3）地性线的处理。TIN 以三角形为基本单元表达实际地形，山谷线、山脊线等地性线不应该通过 TIN 中的任一个三角形的内部，否则三角形就会"进入"或"悬空"于地面。因此构造 TIN 时应使地性线包含在三角网的三角形边的集合中，以山谷线、山脊线为起始边，即需要在原始数据中包含地性线信息。生成 TIN 时，以组成地性线的线段作为基础，向两侧扩展出三角形格网，这样就保证了三角形格网数字模型与实际地形相符。

（4）影响三角形格网结构的其他因素。如不规则地域边界可能使程序在无数据区构造出三角形格网，或构造出与实际地形特征不相符的部分三角形格网，从而影响了三角形格网结构。为了解决这些问题，需要在构造三角形格网过程中加入对区域边界的识别，不允许 TIN 向区域边界外扩展，同时检查边界附近的三角形格网中是否有异常的三角形（如某个三角形的部分区域已处于边界以外）。

9.5　建筑物特征提取

9.5.1　室内顶部点云探测

地面三维激光扫描（terrestrial laser scanner，TLS）技术可以获取高密度的点云，由于仪器架设在室内地板上，地板的点云 Z 值都小于 0，其法向量沿 Z 轴负方向，而顶部点云数据的 Z 值都大于 0，其法向量沿 Z 轴正方向。根据建筑物室内的横断面图研究建筑物室内点云数据各个格网内点云数据的法向量，室内的横断面图如图 9.11 所示。

从图 9.11 可以看出，格网内室内地板和天花板点云的法向量近似平行于水平面，如图 9.11 中沿着 Z 轴的部分。而在天花板与墙壁或地板与墙壁的交汇处其法向量与地板和天花板中部格网内点云的法向量不一致，如图 9.11 中 4 个角的部分。根据各个格网内点云数据法向量与 Z 轴正方向夹角的关系，实现对室内顶部点云的探测。因此，利用格网内点云数据的法向量聚类获得室内顶部的点云数据。法向量聚类需要利用平面拟合求取法向量，空间平面拟合的方法有随机一致性采样（random sample consensus，RANSAC）算法、加权总体最小二乘平面拟合算法及整体最小二乘平面拟合算法等。由于 RANSAC 算法平面拟合的法向量具有不确定性，如果选择 RANSAC 算法平面拟合，在格网内的平面拟合效果会是灰色平面，如图 9.12 所示。如果选择最小二乘法空间平面拟合算法拟合的平面则是图 9.12 中黑色的平面，根据格网内法向量的一致性可以获取室内顶部中间部分点云，删除边缘格网内的点云，可实现室内顶部点云的探测。因此，可以选择最小二乘平面拟合方法求取格网内点云的法向量进行聚类。

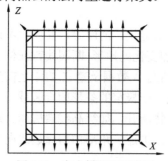

图 9.11　室内横断面示意图

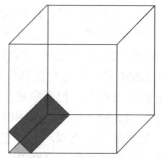

图 9.12　平面拟合原理图

9.5.2 房间天花板点云提取

通过对室内顶部点云的探测，获取室内顶部的点云，该数据主要包括房间天花板顶部点云、门口顶部点云及窗户顶部的点云。为了提取房间的点云，需要提取室内房间天花板的点云。在提取室内房间天花板点云过程中包含两个关键步骤，即空间 26 邻域算法和最小包围盒的建立。通过空间 26 邻域算法，判断相邻空间格网是否存在点云，把存在点云的格网聚类在一起，实现点云的聚类。根据最小包围盒长、宽和高的阈值提取房间天花板点云，以天花板点云数据为种子点，可以提取室内房间点云数据。

1. 26 邻域算法

室内顶部点云包括房间天花板顶部点云、门口顶部点云及窗户顶部的点云。如果将其投影到 XOZ 或 YOZ 平面，可以发现房间天花板顶部点云与房间门口顶部点云和窗户顶部点云的高程大部分都不同。如果将其投影到 XOY 平面，部分是非连通的，将其放在三维空间内，各类点云数据是非连通的。通过设置三维格网的阈值，使散乱点云被周围 26 个不含点云的格网包围，通过判断点云 26 邻域的连通性实现点云的聚类。将传统的八邻域算法扩展到三维，得到空间 26 邻域算法。

如图 9.13 所示，26 邻域算法步骤如下。

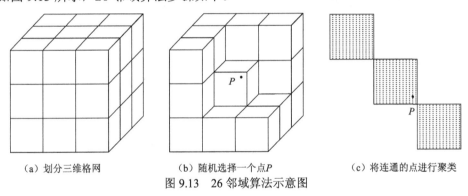

(a) 划分三维格网　　　　(b) 随机选择一个点 P　　　　(c) 将连通的点进行聚类

图 9.13　26 邻域算法示意图

（1）首先是将读取的点云填充到三维格网内，从点云中随机选择一个点，判断其所在格网编号，如图 9.13（a）所示。

（2）假设该格网编号为 m，该点的坐标 $P(x,y,z)$，沿 X 轴、Y 轴、Z 轴方向的格网个数为 nx 个、ny 个、nz 个，如图 9.13（b）所示。

（3）将格网编号沿 X 轴正方向减 1 为 $(x-1,y,z)$，判断该格网是否存在，如果存在，则判断该格网内是否有点云，并记录，然后进入下一个邻域。

（4）运用同样的方法判断格网 P 的 26 个邻域，利用 $(x+i,y+j,z+k)(i,j,k=-1,0,1)$，判断格网是否存在点云，并记录。

（5）以格网内点云个数不为零的格网为中心，重复步骤（3）和步骤（4），判断其 26 邻域，从而完成对顶部点云的聚类，如图 9.13（c）所示。

通过 26 邻域算法，把三维空间连通的点云聚类在一起，直接判断周围邻域格网内点云的数量是否大于 0，实现点云的聚类。该方法效率高，并且可以在三维空间内进行点云的聚类。

2. 最小包围盒算法

通过 26 邻域算法，可以把三维空间内非连通的点云进行聚类，但聚类后无法区分房间顶部点云、门口和窗户顶部点云。由于房间顶部点云面积较大，而门口和窗户顶部的点云是条带状，可通过三维包围盒阈值实现房间顶部点云的提取。当运用传统方法建立包围盒时，点云与坐标轴方向夹角较大，有些点云区域大小不一致，而包围盒的大小一致，很难对聚类的点云进行区分，这时需要建立有方向的包围盒。

最小包围盒算法的步骤如下。

（1）读取室内顶部的点云；

（2）求取聚类后的每一类点云 X、Y、Z 的最大值（X_{max}, Y_{max}, Z_{max}）与最小值（X_{min}, Y_{min}, Z_{min}）。

（3）利用 X、Y、Z 的最大值和最小值绘制长方体，其顶点坐标分别为（A, B, C, D）和（A', B', C', D'）。

（4）设 A、B、C、D、A'、B'、C'、D' 区域为点云长方体区域，以 D 为球心，搜索该类点云中距离该点最近的点 P。以点 P 为球心，求该类点云中距离 P 点最远的点，则该点是最小包围盒的一个顶点 P'。以同样的方法，以 A、B、C、D、A'、B'、C'、D 为球心，搜索该类点云中最小包围盒顶点。

（5）将顶点编号，进行连接，实现最小包围盒的绘制。

（6）循环步骤（3）～步骤（5），实现聚类后所有最小包围盒的绘制。

由于门口和窗户顶部点云包围盒的宽度或长度都明显小于房间顶部点云最小包围盒的宽度或长度，所以可以通过设置最小包围盒宽度和长度阈值提取室内房间天花板点云。

通过法向量聚类法、26 邻域算法和最小包围盒算法可以提取室内房间天花板中部点云数据。由于天花板与墙壁交接处的法向量与天花板中部点云数据法向量不一致，没有提取完整的天花板顶部点云数据。解决方法如下：以天花板点云数据为种子点，种子点两侧各设置一定宽度阈值的缓冲区域，落在缓冲区域内的点认为是室内房间天花板点云数据，则可以得到完整的室内房间天花板点云数据。

9.5.3 门口和窗户点云提取

以房间点云为种子点，对去噪后的室内点云数据进行判断，若该点不包含在房间点云数据内，则是门口和窗户的点云数据，循环所有点，实现门口和窗户点云数据的提取。提取后的门口和窗户点云数据混合在一起，但点云数据投影到二维平面内是非连通的。在二维平面内，根据二维面状区域点云数据连通性，可以实现门口和窗户点云数据的聚类。在门口和窗户点云进行聚类时，实现每个窗户和门口点云数据的聚类，每个门口和窗户点云数据进行聚类需要三个关键步骤，即二维格网的建立、8 邻域算法和建立最小包围盒。

1. 二维格网的建立

二维格网建立的原理与三维格网建立的原理基本一样，不同的是二维点云数据仅需考虑点云数据中的 X 值、Y 值，求取 X、Y 的最大值（X_{max}, Y_{max}）和最小值（X_{min}, Y_{min}），设置格网的长和宽，以 $X_{min}-\delta$ 为 X 方向的最小值，$X_{max}+\delta$ 为最大值绘制 X 方向网线，以 Y

方向的格网宽度为 X 方向格网的间距,绘制 X 方向所有直线。以 $Y_{min}-\delta$ 为 Y 方向的最小值,$Y_{max}+\delta$ 为最大值绘制 Y 方向网线,以 X 方向的格网长度为 Y 方向格网的间距,绘制 Y 方向所有直线。X、Y 方向直线的绘制,实现了二维格网的建立,如图 9.14 所示。

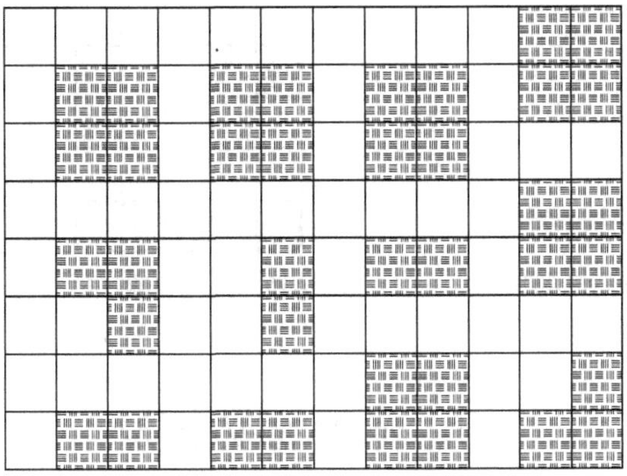

图 9.14　点云数据存入二维格网内

2.8 邻域算法

根据门口和窗户立面垂直于水平面,顶面和底部平行于水平面,将窗户和门口的点云数据投影到 XOY 二维平面内,形成和底部或顶部一样大小的面状区域点云数据,设置二维格网长和宽的阈值,使每个面状区域都被不含点云数据的二维格网包围。运用 8 邻域算法判断二维面状区域窗户和门口点云数据的连通性,可实现窗户和门口点云数据的聚类。8 邻域算法原理如图 9.15 所示,算法步骤如下。

(1)从点云中随机选取一个点 P 作为聚类中心,根据该点的坐标判断该点所在格网号,查找周围格网号为 1 的格网内是否存在点云,如果存在点云,将该格网内点云加入 P 聚类中心。

(2)重复 P 聚类中心周围格网号为 2、3、4、5、6、7、8 的格网,如果该格网内存在点云,将点云存入 P 聚类中心。

(3)分别以格网号为 1、2、3、4、5、6、7、8 中存在点云的格网为聚类中心,并将该聚类中心加入 P 聚类中心,判断周围的 8 个邻域是否存在点云,如果存在点云,则加入 P 聚类中心,循环该聚类中心周围所有的格网,完成聚类。

(4)将 P 类的点云添加到目标动态数组,并把 P 类的点从门口和窗户点云中删除,然后重复步骤(1)~步骤(4),完成所有的聚类。

3. 基于最小包围盒算法提取门口和窗户点云

小区房屋的窗户宽度和高度往往大小不一,有一般的通风窗户,也有落地窗等类型。不同类型的窗户大小往往不一致。而门口则不同,小区房屋每家每户的门口的宽度和高度一般是一致的,所以其包围盒的大小也一致。根据最小包围盒的阈值提取门口点云数据,最小包围盒的建立过程同 9.5.2 小节。根据聚类后的门口和窗户点云的最小包围盒阈值,把每个门口点云数据存入门口类的动态数组中,剩下的是窗户的点云数据,将窗户的每一类点云数据分别存入窗户类动态数组中,实现门口和窗户点云的提取,如图 9.16 所示。

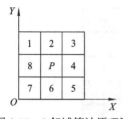

图 9.15　8 邻域算法原理图

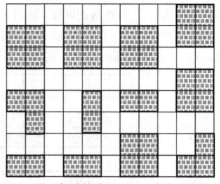

图 9.16　用 8 邻域算法对门口、窗户聚类示意图

9.6　森林参数提取

森林参数的提取，即提取每棵树的位置、树高、胸径、冠幅、树冠模型、树干姿态等参数。其主要步骤如下。

（1）从处理过地面点并构建规则 DEM 的移动 LiDAR 点云数据中提取森林点云。

（2）将提取的森林点云分割为单一的树。

（3）对单一的树进行参数的提取。

9.6.1　聚类法森林点云提取

聚类法森林点云提取过程如下：先通过低矮地物滤除算法（图 9.17）将低矮的绿化带、灌木丛、车辆、未滤除干净的地面等低矮地物滤除，切断树与周边地物的联系；再对剩下的地物进行聚类，将相连的地物划分为同一类别；最后对每一个类别进行判断，根据树的判断策略将森林点云提取出来。

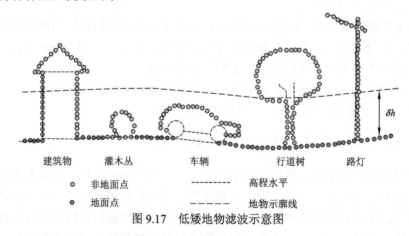

图 9.17　低矮地物滤波示意图

低矮地物的滤除主要依据建立的规则 DEM：将非地物点云进行格网化，探测每个格网中点云最高值与 DEM 的差值，若其差值小于设置的阈值 δ，则该网格内所有点归为低矮地物；因树的树冠部分均远高于类似低矮地物，则可以准确地保留树的点云，滤除造成地

物链接的低矮地物点云。

地物聚类即将滤除低矮地物后的点云投影至水平面，通过建立水平格网，将含有点云的格网标记为 0，将不含点云的格网标记为 Null，则在 8 邻域内，被标记为 0 的相连格网被标记为同个聚类块，赋予同一个自然数作为标记。需要注意的是，一个聚类块并不表示包含的点云为同一种类，在后面的判断中，会将和树交叉在一起的其他地物点予以剔除。

树的判断与提取如图 9.18 所示。除塔松等塔状的树木以外，大多数树为下部树干上部树冠结构的乔木。若对树的上层和下层分别水平投影并进行格网化，上部分投影点云分布面积远大于下部分点云分布面积，且上部分点呈圆形均匀分布，下部分点云呈斑状分布。依据此规则，在距离地面 H_c 处（可选取胸径高度，即 1.3 m 处）截取平面，分别进行上下部分点云的水平投影和格网化（为避免地面上其他点的影响，向下的投影面积为从距离 H_0 到距离地面 H_c 处，$H_0 < H_c$），进行分布面积及分布形状的跨度分析即可识别出哪些地物为树。

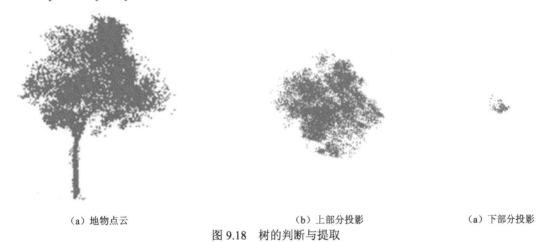

（a）地物点云　　　　　　　　　　（b）上部分投影　　　　　　　　（a）下部分投影

图 9.18　树的判断与提取

9.6.2　基于生长模型的树分割

通常树的生长会导致树冠部分相连，提取出来的森林点云需要进一步分割为单一的树，才能提取每棵树的参数信息。

1. 树冠点云粗分割

在进行树冠精确分割之前，需要先确定树的棵数及其位置，并获取必要的属性信息，因此先对树进行粗分割。树的棵数及位置的确定使用截取地面上一定高度的树干点云进行水平投影，将投影面上的点云进行聚类，则聚类的水平几何中心在 DEM 上的位置即为树的位置。树冠点云的粗分割即在行道树位置的基础上，根据就近原则，将树冠点云分配给距离最近的行道树。具体过程如下。

（1）相连树棵数及位置确定。根据数据中行道树的实际情况，截取地面以上的一段树干点云（通常截取高出地面 1.2～1.4 m 处的树干点云，胸径高度为 1.3 m），将点云投影至水平面并进行二维聚类，取各个聚类单元的水平重心点在 DEM 上的投影作为树木位置点 $P(x_i, y_i)$，树干聚类单元个数即为树木数量 n，若树干点云严重缺失，使用该算法将不能正确获取行道树的位置及数量。

（2）树的点云粗分割。根据树木的位置坐标，遍历所有树的点云，将该点判断为距离最近树木的树木点。如点 p_{ij} 与各树干之间的水平距离为 $D_{i,j}$，比较所有距离值的大小，若 $D_{m,j}$ 为最小值，即该点属于树木 m。

2. 树冠点云精分割

对相连树依次两两处理，如图 9.19、图 9.20 所示。其中 C_1、C_2 分别为树 1 和树 2 的冠幅大小，O_1、O_2 分别为根据冠幅拟合时获取的树 1 和树 2 树冠中心点位置。d_1、d_2 分别为当前处理点云距离 O_1、O_2 的水平距离，树 1 冠幅重心点为 $O_1(x_1, y_1)$，树 2 冠幅重心点为 $O_2(x_2, y_2)$。

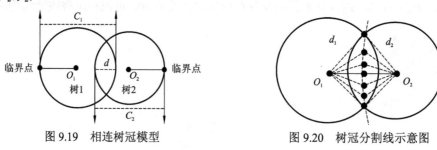

图 9.19　相连树冠模型　　　　图 9.20　树冠分割线示意图

以待处理点 $p(x, y)$ 为例，则 d_1、d_2 的计算公式分别为式（9.3）和式（9.4）。d 为树 1 和树 2 树冠相互交叉的距离，即 $0 \leqslant d \leqslant C_1 + C_2$。为防止其他树木点云误分到当前研究对象上，在当前研究范围内必然存在临界点，且这些参数之间存在如式（9.5）式（9.6）的关系时点云属于树 1。

$$d_1 = \sqrt{(x - x_1)^2 + (y - y_1)^2} \tag{9.3}$$

$$d_2 = \sqrt{(x - x_2)^2 + (y - y_2)^2} \tag{9.4}$$

$$\frac{0.5C_1}{C_1 + 0.5C_2 - d} \leqslant \frac{d_1}{d_2} \leqslant \frac{C_1}{C_2} \tag{9.5}$$

$$\frac{C_1}{2C_1 + C_2} \leqslant \frac{0.5C_1}{C_1 + 0.5C_2 - d} \tag{9.6}$$

由于相连树在属性信息获取时，使用的是树冠粗分割获取的单棵树点云，则不可避免地会将误差代入所获取的属性信息中，通过权值计算将误差传播到分割权值。为解决误差的代入问题，在初次分割完成后，再次进行树冠拟合和冠幅权值计算，在兼顾精度和效率的基础上，对相连树树冠进行数次迭代分割，使误差衰减到允许范围内。

9.6.3　森林参数信息提取

1. 树干树冠分割

树被分割为单一的树木之后，需要提取树木的树冠和树干信息，树冠信息可用于进行碳中和的分析，树干信息可用来进行树木位置确定和树木建模。树木的树干和树冠具有形状差异、组成成分差异、激光反射率差异等特点，导致树干和树冠在点云表示时，具有不同的表现形式，因此在提取树干和树冠信息时，需要先进行树干和树冠的分割。

使用基于网格增长的算法进行冠干分割。对树木点云进行三维格网划分，格网边长为grid_size。将树干底部位置所在的网格作为种子点开始向上增长，每次向上增长一层格网；当格网增长至与树冠分界处时，再向上增长会导致上层格网数量剧增，可以通过每层格网增加的格网数判断是否结束增长。判断增长结束后，将树干格网内的点作为树干点，其他部分点作为树冠点。分割步骤如图9.21和图9.22所示。

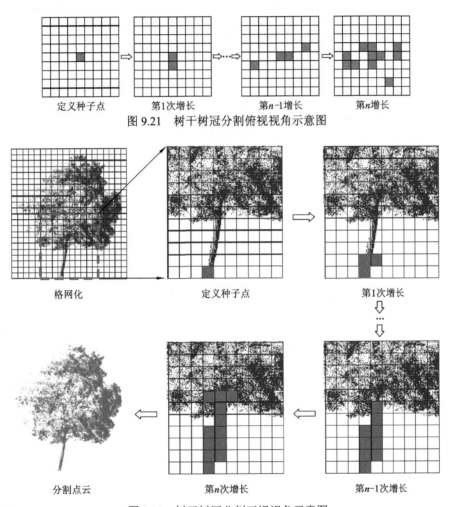

图9.21 树干树冠分割俯视视角示意图

图9.22 树干树冠分割正视视角示意图

2. 树干信息提取

树干信息可以表示树干的粗细、姿态，在实际应用中，可以用于记录树木的生长经历、生长趋势，也可以用于分析行道树在恶劣天气之后发生的变化，如倾倒等。同时，获取准确的树干信息，也是建立精确三维模型的必要工作。树干信息主要包括树干中心线，以及不同高度的截面。树干通常为圆形截面，将树干点云分层，然后使用最小二乘拟合的方法，拟合得到各个截面的半径和圆心，将圆心连接在一起即为树干的中心线。

3. 树冠信息提取

树冠是树的主要部分，也是树变化最频繁的部分，树冠延伸至光照区域可导致遮挡路灯光照，延伸至电力线路会导致用电安全问题。同样树冠的生长状况也是城市绿化部门最为关心的问题。因此，提取树冠的信息是进行行道树各种应用的前提。树冠信息主要包括树冠外轮廓，即树冠表面点组成的包围区域，除此之外，树冠信息还包括树冠延伸位置、树冠体积、树冠拓扑结构等，这些信息可用于进行树冠的变化、光照遮挡等研究。使用迭代渐进的局部凸壳算法，即将树冠点云在竖直方向上等间距分层，将分层后的点投影至水平面上，使用凸壳算法提取投影点的外轮廓点，并还原其三维位置。

如图 9.23 所示，迭代渐进的局部凸壳算法基本思想是先使用最基本的凸壳算法对点云建立外包围，再以每条大于边长阈值的边为直径，选取圆内的点作为局部点，寻找局部点内与边的两端点组成角度最大的点作为新的边界点。重复以上步骤进行各条边的运算，直至所有边长都小于边长阈值或者以该边为直径的圆内没有点。所求得的边界点即为所求的外轮廓点，还原至三维空间后即为树冠的表面点。

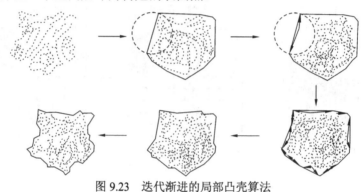

图 9.23　迭代渐进的局部凸壳算法

参 考 文 献

崔希璋, 於宗俦, 陶本藻, 等, 2009. 广义测量平差[M]. 2 版. 武汉: 武汉大学出版社.

李德仁, 金为铣, 尤兼善, 等, 1995. 基础摄影测量学[M]. 北京: 测绘出版社.

李征航, 黄劲松, 2005. GPS 测量与数据处理[M]. 武汉: 武汉大学出版社.

李玉宝, 莫才健, 兰纪昀, 等, 2017. 测量平差程序设计[M]. 2 版. 成都: 西南交通大学出版社.

宋力杰, 2009. 测量平差程序设计[M]. 北京: 国防工业出版社.

王佩军, 徐亚明, 2016. 摄影测量学(测绘工程专业)[M]. 3 版. 武汉: 武汉大学出版社.

武汉大学测绘学院测量平差学科组, 2014. 误差理论与测量平差基础[M]. 3 版. 武汉: 武汉大学出版社.

张剑清, 潘励, 王树根, 2009. 摄影测量学[M]. 2 版. 武汉: 武汉大学出版社.

张祖勋, 张剑清, 2012. 数字摄影测量学[M]. 2 版. 武汉: 武汉大学出版社.

朱肇光, 孙护, 崔炳光, 1996. 摄影测量学(修订版)[M]. 北京: 测绘出版社.